JN208230

ソニー最高の働き方

片山修

朝日新聞出版

ソニー
最高の働き方

はじめに

いま、なぜソニーなのか――。本書は、ソニーの「復活物語」ではない。「第2の創業物語」である。

「第2の創業」は、ソニーグループ会長CEO（最高経営責任者）の吉田憲一郎が打ち出した「Purpose（パーパス／存在意義）」に負うところが大きい。「Purpose」は、約11万人のグループ社員の1人ひとりが、自立して創造力を発揮するための基盤となり、また、一丸となって新たな価値を創造するための軸となった。ソニーのクリエイティビティの背景である。

ソニーは空前の好業績をあげているが、日本のものづくりの象徴だったかつてのソニーとはもはや別の会社ではないか。そうとらえている人は少なくないが、その見方は必ずしも当たっていない。

「第2の創業」とはいえ、創業者の長期視点が継承されていることに特色がある。

「ソニーは、新しい製品を次々と発表するので、非常に気の短い企業だと思われるかもしれないが、実際には、何事も一〇年サイクルで考え、実行してきたといえると思う」と、創業者の1人の盛田昭夫は自らの著作『21世紀へ』（WAC刊）で述べている。

ソニーのもう1人の創業者、井深大は、「自由闊達にして愉快なる理想工場の建設」の文言で知られる「設立趣意書」を起草した。この設立趣意書には、技術革新、社会貢献、社員の成長など、ソニーの基本的な姿勢と目的が明確に示されている。

吉田は、2人の創業者の長期視点を受け継ぎ、その延長線上で企業文化や価値観を再定義し、新たな成長の道を切り拓いた。つまり、「過去」があるから「現在」がある。「よりよいソニーをつなぐ」――。吉田は、しばしばこの言葉を口にする。

本書に登場するのは、「最高の働き方」を実践するソニーの人たちだ。活躍のフィールドを探し求め、自らの責任において仕事を選び、自らの意思で人生を切り拓いていく。そんな挑戦する個人をソニーは後押しする。個人と会社の幸福な奇跡的関係を見ることができる。

いまのソニーは、日本の「未来」のお手本である。

本書は、２０２２年11月から23年1月にかけて朝日新聞出版『ＡＥＲＡ』に連載した「ソニーな人たち」に、新たに取材のうえ大幅加筆しました。内容は取材時点に基づきます。

連載および書籍化にあたり、ソニーグループ広報部の皆さんにお世話になりました。ありがとうございました。

『AERA』編集部副編集長（当時）の大和田武士さん、朝日新聞出版書籍本部長の三宮博信さんにもお礼を申し上げます。

今回もまた、スタッフの大森よし子さん、平川真織さんの大奮闘に対して、心より感謝いたします。

2024年9月

片山　修

（文中敬称略）

ソニーのPurpose

クリエイティビティとテクノロジーの力で、世界を感動で満たす。

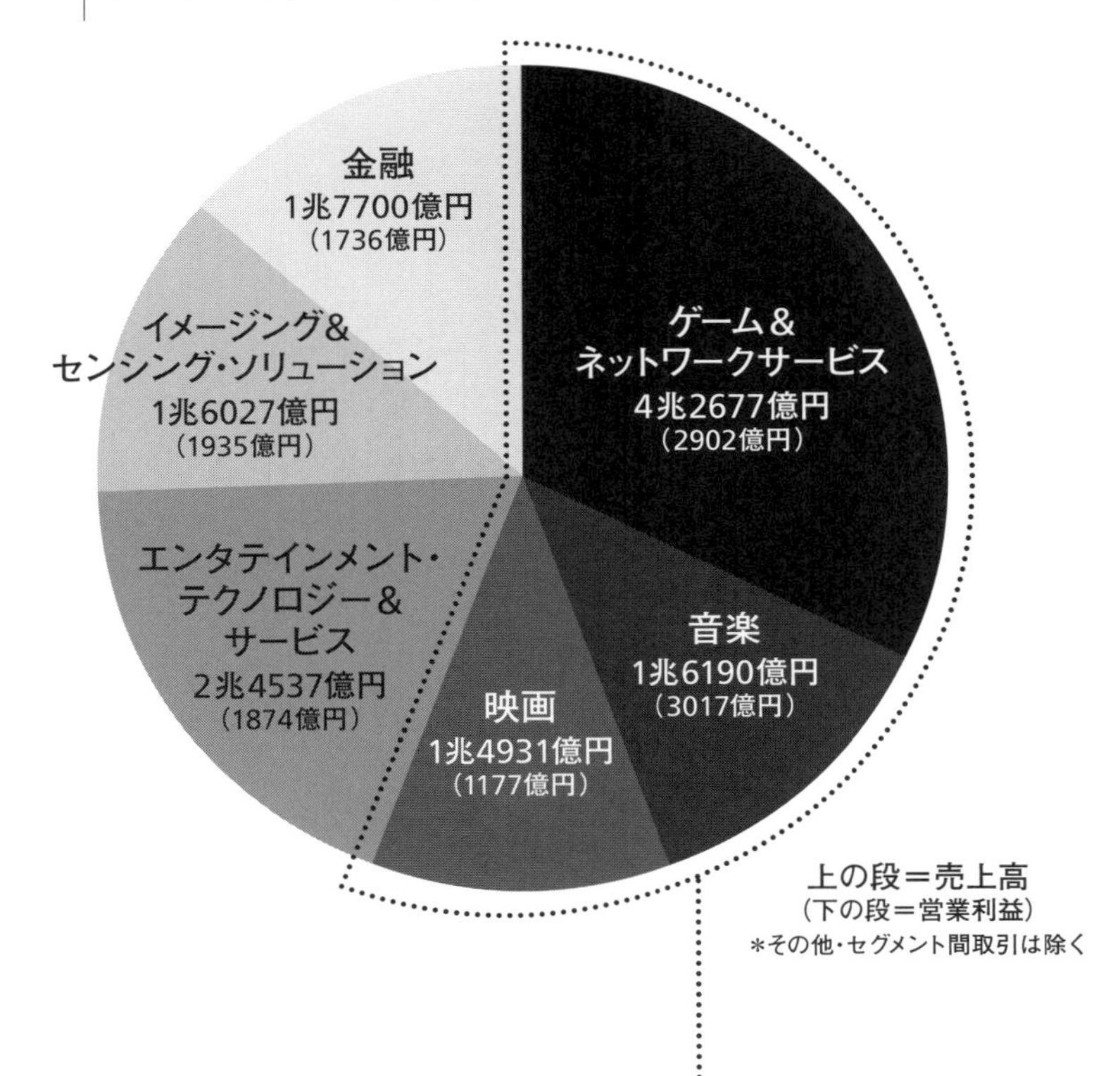

ソニーグループ連結
2023年度決算
売上高13兆208億円
営業利益1兆2088億円

エンタテインメント事業が
全体の売上高の57%を占める
（2000年度は売上高の約69%が
エレクトロニクスだった）

ソニー 最高の働き方＊目次

第2章 新しい世界をつくるテクノロジーの力

第3章　社会を変える新規事業の生まれ方

第4章 世界から人材を集める「ソニーの働き方」

第5章 個を尊重、管理しないマネジメント

終章 なぜソニーは「第2の創業」を成し遂げたのか

装画
髙橋あゆみ

ブックデザイン
鈴木成一デザイン室

序章

社員と会社は「選び合い、応え合う」

ソニーを復活させた
人と組織の新しい関係

安部和志　あんべ・かずし

ソニーグループ 執行役 専務
人事、総務、グループ DE&I 推進
秘書部担当／中国総代表
1984年入社

管理する人事ではない。
社員の成長を支援するのが、ソニーの人事だ。
安部さんには、人を包み込むようなあたたかさがある。
盛田昭夫の『学歴無用論』の愛読者だ。

「Purpose」に具現化された設立趣意書

なぜソニーでは、楽しく仕事ができるのか。なぜ思う存分、チャレンジできるのか――。ソニーの不思議を解くカギは、人事制度と人材に対する考え方にあるのは間違いない。ソニーグループ執行役専務で人事・総務担当の安部和志に話を聞いた。

その象徴は敗戦の日から9か月後に、焼け残った東京・日本橋の白木屋デパートの一室を借りて立ち上げられた東京通信工業の「設立趣意書」である。執筆したのは創業者の1人の井深大だ。「真面目なる技術者の技能を、最高度に発揮せしむべき自由闊達にして愉快なる理想工場の建設」――。

ソニーの創業精神「自由闊達にして愉快なる理想工場の建設」は、今日、「クリエイティビティとテクノロジーの力で、世界を感動で満たす。」という「Ｐｕｒｐｏｓｅ」に具現化されている。

時計の針を少し戻してみよう。２００６年、安部は驚きの日々を過ごしていた。米国ソニーのエンタテインメント事業統括会社で、エグゼクティブの人事を担当したときのことである。

「エンタテインメントのエグゼクティブたちの報酬はかなりダイナミックです。彼らは、会社と個別契約を結ぶにあたり、真剣に交渉をします。個人と会社は、対等に向き合い、本気で対話をし、互いの合意点を見出そうとする……。そのやり取りには、新鮮な驚きがありました」

エンタテインメント事業部門で働く人のミッションは、「感動」の創造だ。彼らは、並外れた個性と強い意思を持ち、仕事へのこだわりはハンパではない。ましてや、エグゼクティブともなれば、業績貢献への自負もある。

彼らは、自分の価値を最大限認めてもらおうと、ストレートに個性をぶつけ、会社と緊張感のある「対話」をする。

「対話は真剣ですが、会社との向き合い方は、とくにギスギスしたものではありません。エンタテインメント事業のエグゼクティブは魅力的な人が多く、個性のアピールの仕方もユニークです。個を大事にするとは、こういうことか……とあらためて思いました」

もとよりソニーは創業以来、個を大事にする会社として知られる。安部は1984年に入社以来、人事畑を歩み、英国工場、エリクソンとのジョイントベンチャーなど、豊富な海外経験を有するが、その彼をもってしても、米国のエンタテインメント事業統括会社における個人と会社の向き合い方は新鮮な驚きだった。

真剣な「対話」をしながらも、両者の間には信頼関係が構築されている。「ソニーはもともと、そうやって成長してきたのだ」と、安部はあらためてソニーの原点を再認識する。

考えてみれば、「設立趣意書」には、「従業員は厳選されたる、かなり少員数をもって構成し、形式的職階制を避け、一切の秩序を実力本位、人格主義の上に置き個人の技能を最大限度に発揮せしむ」――とある。

安部は、「20年以上、人事を経験してきた自分は、ソニーの人事をわかっているつもりでいましたが、じつは、まだその本質を理解しきっていたわけではなかった」と、述懐する。この米国での体験が、安部にあらためて「設立趣意書」の精神を思い起こさせ、人事改革の起点、原点となった。

ソニーは04年度からテレビ事業が赤字に転落し、08年度から14年度の7年間における連結純損失の累計は1兆円を超えた。

米国ソニー会長兼CEOだったハワード・ストリンガーが、ソニー会長兼グループCEOに就いたのは05年だ。ソニー始まって以来の外国人トップである。

ストリンガーは、「ソニー・ユナイテッド」を掲げて、グループ連携を志向し、業績の復活を目指した。事業の軸足をエレクトロニクスからエンタテインメントやコンテンツに移し、それらを活用して価値を創造する新時代への対応を志向した。が、思うように業績は上向かなかった。ソニーのどん底の時代である。

「強みとしてきたエレクトロニクスだけでは、もはや生き残れない。社内では不安と強い危機感が共有されていました。ただ、さかのぼって考えると、井深さんは、トランジスタなど、新たなテクノロジーでつねに新しい事業を開拓し続けました。盛田さんは、音楽や映画の会社を買収し、ソフトでいかに新しい価値を創造するかをひたすら考えてきました。つまり、会社を枠にはめず、いかに時代に適応させるか、創業以来、一貫して苦闘し、挑戦し続けてきたといえます」

と、安部は追想する。

安部は、成長において人材に関する「3つのシフト」を力説する。1つ目はリソース（ヒト）のシフト、2つ目はスキルのシフト、3つ目はマインドのシフトである。そこに一貫して流れているのは、新たな価値創造のための挑戦と成長への執念だ。

「会社が成長し続けられるかどうかは、われわれが持っているアセットをどう活用するかに尽きます。変化に対応して成長し続けるためには、リソースの柔軟なシフト、すなわちヒトのシフト、スキルのシフトが必要で、いずれも時間がかかります。なかでももっとも重要で困難なのはマインドのシフト。これが大変でした」

ソニーの事業は、多様性に富んでいる。ゲームや音楽、映画などのエンタテインメント事業、エンタテインメント・テクノロジー&サービス事業（家電などのエレクトロニクス）、イメージング&センシング・ソリューション事業（半導体）、そして金融事業など多岐にわたっている。そのうえ、人材も多様性がある。しかし、事業と人材の多様性の両側面がバ

ソニーの売上高と営業利益の推移

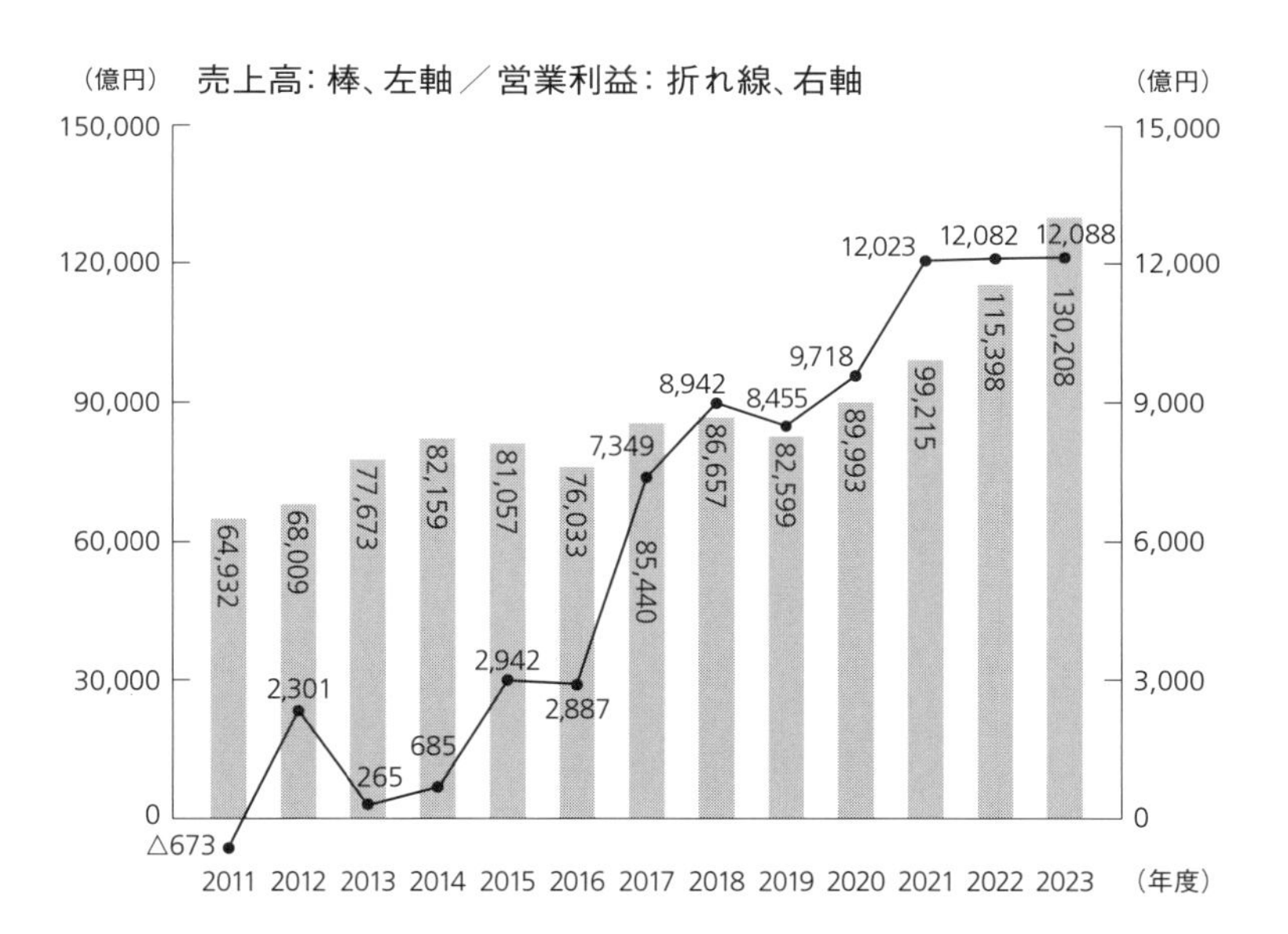

2020年度までは米国会計基準を適用、2021年度からは国際財務報告基準を適用

ラバラでは、パフォーマンスにつながらない。組織が巨大化し、事業が多様化すればするほど、その傾向は強まる。それこそ、長所が短所になる。

井深は、「企業もお城と同じ。強い石垣は、いろいろな形の石をうまく組み合わせることによって強固にできる」と語っている。

必要なのは、個のパワーを結集し、個と組織がともに成長するための「共通の価値観」だ。「ソニーは何を目指すのか」「ソニーは何のために存在するのか」――。経営と個のアジェンダの接点となる共通理念、つまり「Ｐｕｒｐｏｓｅ」の設定が極めて重要だったと、安部は力説する。

「みんなが共感できる価値観をつくり、それを人事の制度に落とし込んでいく。制度というのは、あくまで手段であり、ある意味、表層的なもので、大切なのはその目的をしっかり共有することだと思います」

「Ｐｕｒｐｏｓｅ」については、生みの親であるソニーグループ会長 ＣＥＯ吉田憲一郎の終章で詳述する。

社員に「フリーエージェント権」を与える

安部は14年、日本に戻った。業務執行役員ＳＶＰ（シニア・バイス・プレジデント）として迎えられ、人事担当役員に就いた。

ソニーの個人と会社の関係は、互いの自立と尊重の上に成り立つ。早い話が、仕事は自分で見つけるもので、会社から一方的に与えられるものではない。安部はいま一度、引き継がれてきたその関係の結び直しを図った。

「1人ひとりが自分のやりたいことや思いを持ちなさいと働きかけ続けてきた会社が、変革の局面では突然、全員でこの方向に向かってほしいといい出すわけです。個の思いはさておき、同じ方向を向いてもらわなければ困ると。自分のやっていることに思い入れやプライドを持つ人たちのマインドを変えるのは、並大抵ではない」

かといって、社員を枠にはめて管理すれば、ソニーらしさを失ってしまう。管理の思想では絶対にダメだ。個の自主性を重視する文化を守りながら、新たな方向性へといかに舵（かじ）を切っていくか……。

たとえば、技術のトレンドが大きく変わろうとしている中で、8割を占めていたエレクトロニクスに携わる人材をどう動かすのか。工夫が必要だった。

「電子工学やエレクトロニクス、メカトロニクスのエンジニアをいかにソフトウェアエンジニアにシフトさせるか。さらに、そのソフトウェアも、組み込みからいかにクラウド系に移すかなどの進化が必要でした。また、AI（人工知能）やデータサイエンスへとスキルを変えることが求められていました」

ポイントは、前述したごとくマインドのシフトだった。社員のマインドを変えるのは、考える以上に難易度が高かった。皮肉にも、ソニーの個を重視する文化が邪魔をしたともいえる。

ソニーはもともと、個を大事にしてきた。個性あふれる人材が思う存分、力を発揮できる「場」を与えてきたのが、ソニーである。ところが、個性の強い人たちは、会社が変わろうというときに、狙い通りに動いてはくれない。おいそれとは変わってくれないのだ。「思い入れやプライドを持っているからこそ、会社の都合で簡単には動いてくれません。スピードをもって変わらなければいけなくなったときに、個を大事にする文化は、ときに難易度の高いチャレンジに直面することになりました」

新たに打ち出したのは、社員と会社が「選び合い、応え合う」関係である。

「社員は、会社が自分にとって成長し、挑戦する『場』としてふさわしいかを問い続ける。対して、会社は、それに応えられているかをつねに確認していく関係性ですね」

この「選び合い、応え合う」関係の上に立って、新たに策定された人事施策が「支援する人事」である。

「ソニーは、ヒトを管理するような風土は希薄です。管理するのではなく、1人ひとりのやりたいという思いや熱意を支援する。あるいは、社員が自分の意思でチャレンジできる仕組みをつくる。会社の一方的な命令でないことを実感してもらうため、つねに選択肢がある状況をつくってきたのです」

ソニーには1966年に創業者の1人の盛田昭夫がつくった有名な「社内募集制度」が存在する。希望する部署やポストに、自ら手をあげて応募できる仕組みだ。所属部署に2年以上在籍している社員であれば、上司の許可なく各部署の公募にエントリーできる。応募した部署とマッチングが成立したら、3か月以内に異動が決定する。すでに累計8000人以上がこのプログラムで異動している。

社員1人ひとりの自律的なキャリア構築を可能にするための選択肢の1つだ。自らの意思で働く「場」を選んで、そこで得た学びや人脈により、自分のキャリアを構築する。当然、成長実感をともなう。

安部は、盛田が新入社員に向けて発し続けた有名な言葉にこだわる。

「ソニーに入ったことをもし後悔することがあったら、すぐに会社を辞めたまえ。人生は一度しかないんだ。そして、本当にソニーで働くと決めた以上は、お互いに責任がある。あなたがたもいつか人生が終わるそのときに、ソニーで過ごして悔いはなかったとしてほしい」――。

その言葉は、いまもソニーで語り継がれている。

「盛田さんのこの一見突き放したようにも見える言葉は、会社と個人は対等なのだから、自分の成長は自分で考えなさいといいたかったのだと思います。そのくらいの気持ちで自分の価値を高め続けてほしいということですね」

と、あらためて感想を述べる。

安部自身、1987年、厚木テクノロジーセンターの人事担当から海外に赴任した。「会社は社員に何をやりたいのかを聞く。社員は何をしたいかを意思表示する。私も希望を聞かれて、〝世界を見たい〟と、手を挙げて海外赴任のチャンスに恵まれました」

彼が人事担当役員になって1年後の15年、ソニーはキャリア形成制度を大幅にリニューアルした。新しく「キャリアプラス制度」と「社内フリーエージェント（FA）制度」、「Sony CAREER LINK（キャリアリンク）」を加えて進化させた。まさに「支援する人事」である。

リニューアルは、1人の若手社員の声がきっかけだ。当時のソニー社員は、経営危機の中で多くが意気消沈していた。業績低迷のあおりを受けて、就職活動にまつわるランキングも下がっていた。状況の打開策として、「新しいことにチャレンジするマインドを大切にするための環境を整えてほしい」という声が寄せられた。それに応えたのである。

「キャリアプラス制度」は、本来の担当業務を続けながら、業務時間の一部を別の仕事に充てることができる制度だ。所属する部署から異動することなく、新たな仕事やプロジェクトを経験し、キャリアの幅を広げたり、他部門で自分の専門性を生かすことができる。ズバリ〝社内兼業〟である。

「社内ＦＡ制度」は、仕事を通じて高評価を獲得した社員に対して、ＦＡ権が与えられる制度だ。寄せられたポストや職種へのオファーに対して、ＦＡ権を行使することで新しい職場に異動し、新たなフィールドに活躍の場を広げられる。「キャリアリンク」は、社員自らプロフィールを登録することで、必要とするスキルや経験が合致した場合、求人中の職場や人事から声がかかる仕組みである。

いってみれば、これらの制度はキャリアの自律を基本とするソニー流の人事異動といっていい。日本の会社は、配置転換を人事異動の一環に位置づけているが、ソニーは配置転換に育成効果を期待しているのだ。

実際、配置転換は社員の同意を得たうえでなされるものでないと、デメリットが多い。「やりたい仕事ができない」「正当に評価されていない」とモチベーション低下が避けられない。

「日本の会社は、雇用と配置転換がバーターになっていて、雇用を守るかわりに、会社の裁量で個人の意向とは関係なく配置転換をしてきました。しかし、しぶしぶ会社の意向に従っても、必ずしも個人のためにはならないし、会社のためになるとも限らない。それは、本当の意味での成長のバネにはならないと思います」

ソニーの場合、必ずしも決まった異動があるわけではない。だから、４月に一斉に異動する光景は見られない。社員の異動は毎月のようにある。

「社員意識調査」結果を役員ボーナスに反映

ソニーは同じ15年、さらに抜本的な人事制度の改革に取り組んだ。「ジョブグレード制度」の導入である。賃金における年功的要素を完全に払拭し、属人的な要素も排除したのだ。

たとえば、ブラウン管テレビや組み込みソフトのエンジニアは、時代の変化に応じて、自らのスキルを変える必要がある。総人件費を増やすわけにはいかない中で、スキルのシフトは、間接的に雇用を守ることにつながる。要するに、「新しいスキルを身につければ、ソニーの中で新しい仕事にチャレンジできる。そのバランスこそが、ソニーらしい雇用の守り方なんですね」という。

つまり、年功序列的要素を一切なくし、仕事の役割や重さに応じて賃金を支払う形に切り替えたのだ。

「ジョブグレード制度」には、等級がつけられている。つまり、ヒトではなく、役割に格付けされ、「I（インディビジュアルコントリビューター等級群）」と、「M（マネジメント等級群）」の2つに分けて設定されている。等級が上がるほど、会社での役割が大きくなるなど、そのときどきの役割に応じて、上下左右シームレスに見直しが可能になっている。

「能力ではなく、やっている仕事の価値に対して賃金を支払うということですね。かりに、グレードが下がれば、賃金は下がります。なぜなら、いまのマーケットに照らすとやっている仕事の価値が下がっているからです。下がった価値に対しては、その価値の賃金しか払えません。賃金を上げるには、自分でスキルを上げてくださいということですね」

当然、評価についても、個人の成長に重きが置かれている。4月に上司と年間個人目標を立て、10月に進捗状況を確認、期末に実績と行動の両面から評価を行う。実績評価は目標に対してできたかどうか、行動評価は「Purpose＆Values」に沿った行動ができたかどうかで決まる。「Purpose」と同時に策定された、共通の価値観である「Values」の中身は、「夢と好奇心」「多様性」「高潔さと誠実さ」「持続可能性」だ。

報酬は、毎月のベース給と、年2回の業績給に分かれている。ベース給は、ジョブグレードに応じた一定のレンジから決定され、毎年の実績と行動を合わせた総合評価によって改定される。また業績給は、毎年の会社業績と個人の成果によって決定される。

これに対して、日本企業の多くが採用してきた「メンバーシップ型雇用」は、役割ではなく、ヒトに仕事をつけてきた。正社員として雇用した従業員を定年まで雇用し続ける「終身雇用」や、年齢によって賃金を上げる「年功序列」に親和性がある。新型コロナ禍のリモートワーク導入で、「ジョブ型雇用」への関心が高まっているが、日本企業が「ジョブ型雇用」に移行するのは簡単ではない。

ヒトに仕事をつける日本の会社は、職務の線引きがむずかしく、評価の規準をヒトから役割へ移行するのは困難だし、そもそも、長年、終身雇用と年功序列に慣れ親しんだ社員の混乱を招きかねないのだ。

その点、「ジョブ型雇用」は、仕事にヒトをつける働き方だから、職務を特定し、個人と会社が雇用契約を結ぶ必要がある。契約にあたっては、必要な知見や技術、経験などについて、両者の合意が欠かせない。勤務時間、勤務地などの勤務条件についても同様である。

「会社と個人の合意には、対話が不可欠だと思います」と前置きして、安部は次のように言葉を継ぐ。

「労働流動性が高い米国では、対話がもっとも重要な要素と認識されており、対話だけで会社と個人の関係を構築するノーレイティング（評価で社員をランクづけしない人事制度）の動きすら出てきています」

対話の前提となるのは、互いの理解と信頼、尊重である。つまり、共感しながら話を進めることが重要だ。

その意味で、ソニーではよく「1対1面談」が実施される。面談で話すテーマは、日々の悩みごとや取り組みたいこと、将来のキャリアなどだ。ポイントは、対話によって社員の成長を促すことである。

「ソニーは、挑戦心のある社員が多くていいですね、といわれることがありますが、もちろん、そういう人ばかりではありません。対話をするということは、社員に自分にとって成長とは何かを考えてもらうことです。〝1年後はどうなりたいの？〟という対話が、社員の成長につながる。確かに、ソニーには挑戦的な社員が比較的多いと思います。社員には成長に対する強い思いもあります」

ソニーは11年以降、グループ全社員を対象にした「社員意識調査」を秋と春の年2回実施し、指標をモニタリングしている。よく耳にする「従業員満足度調査」とは異なる。「従業員満足度調査」が会社の居心地の良さをモニタリングするのに対して、ソニーの「社員意識調査」は、マネジメントへのフィードバック質問が含まれているのが特徴だ。結果は、即時にマネジメントに戻され、経営に反映される。

質問内容は、主要な事業体のすべてに共通している。「組織風土」「社員エンゲージメント」「働きがい」「社員と会社がわかり合えているか」「Ｐｕｒｐｏｓｅにどれだけ共感しているか」――などだ。それは、社員の貢献意欲や生産性の向上につながる重要な指標となる。「どれだけ社員が働きがいを感じているか」という項目には、約9割の社員が「働きがいを感じている」と回答している。社員の離職率が国内グループで約3％と低いのも、社員が働きがいを感じているからだ。秋のフルサーベイの回答率は、90％以上に上る。

特筆すべきは、「社員意識調査」の結果が、役員個人のボーナスに反映されることだ。「社員のエンゲージメントが高くなければ、役員のボーナスは低くなる。経営陣は、つねに社員に向き合い続けなければならない状態といえます。業績の苦しい時期に人事制度を変えていきましたから、会社がやろうとしていることの真意をわかってもらうためにも、『社員意識調査』に時間をかけたのは正解でした」

さらに、ソニーは、社員への株式報酬付与を拡大していく方針だ。譲渡制限付株式ユニット（RSU）で、社員が経営陣と同じ目線で価値向上を図るのが狙いだ。22年に導入し、付与対象者も増えている。

「スペシャル・ユー、ダイバース・ソニー」

日本が「失われた30年」に陥った原因の1つに、ヒトへの投資を怠ったことが指摘されている。実際、日本の会社は、「ヒトを大切にする」「ヒトは宝である」といいながら、本当の意味でヒトを大切にしてきたのだろうかという疑問が残る。

「日本の経営者は、そのときどきで正しいと思うやり方でヒトを大切にしてきたのだと思います。しかし、いまの物差しで考えるとどうだろうかと……。1人当たりの人材育成への投資額を国際的に見ると、日本は極めて低い。そのことが昨今のグローバル競争の中で日本が立ち行かなくなった理由かもしれません」

ここへきて産業構造は大きく変化している。企業価値の源泉が知識やアイデアといった無形資産にシフトする中で、ヒトへの投資は不可欠だ。

「もはや、技術力で優れた製品を大量につくり顧客に届けることを日本の競争力とし続けるのはムリです。新興国が複製しやすいモデルである以上、そこは考えなければいけない。それには、雇用のあり方から変えていかなければならないわけです」

その点、ソニーは、ビジネスの構造変革と同時並行的に、人事のあり方を抜本的に見直してきた。当時を振り返って、安部は次のように回想する。

「業績が悪いときは、コストダウンが先にきます。ヒトに対する投資の制約も大きくなります。どうしても短期的な経営に陥ります。事業譲渡や事業所の閉鎖、給与の抑制をしている中では、成長のための人事の施策もとりにくい」

しかし、苦しい経営にありながらも、ソニーは人的投資をないがしろにすることはなかった。

ソニーは、12年から確定拠出年金を導入し、19年10月には確定給付年金の過去分を含めて確定拠出年金に全面移行した。

終身雇用を支えてきた確定給付年金から確定拠出年金への移行は、財務負担の軽減のほか、社員のキャリアやライフプランの多様化への柔軟な対応が目的だったが、当時、社内外にその趣旨が理解されたとはいえなかった。

「転換点は、業績が底を打ったときだと思います」と、安部は説明する。16年3月期以降、安定的に利益を出せるようになり、18年3月期には営業利益で当時の過去最高益を達成した。

「成長傾向に戻ったことで、ヒトに対する投資もできるようになりましたし、会社がやろうとしていることの趣旨を社員にわかってもらいやすい環境になりました。ヒトに投資ができるようになりましたから、ヒトからの成果も大きくなってきました。おかげで史上最高のボーナス支給ができるようになりましたし、確定給付年金も、約40%のプレミアを載せることで、確定拠出型へ変えることができました」

ソニーは、井深、盛田の時代から大切にしてきた人材に対する考え方を「Special You, Diverse Sony（スペシャル・ユー、ダイバース・ソニー）」と再定義した。「主役はあなた、多様性こそがソニーの競争力」という意味だ。

「会社が研修を用意し、次はそちらにいってくださいとは、ソニーはいいません。自分がどうしたいのか、どういうスキルを身につけたいのかを問い続けます。盛田さんは、『チャレンジするリスクより、チャレンジしないリスクのほうが危険だ』といっていましたが、現状維持への危機感はつねに持っています」

日本の会社で日々、仕事を楽しいと感じている人たちは、どれだけいるだろうか。どれだけの人が、やりがいを持って仕事をしているだろうか。

ソニーの人たちが生き生きと楽しく仕事をするさまは、他社に比べて突出しているように思われる。そう安部に告げると、次のような答えが返ってきた。

「私は、入社のとき、人事の仕事を希望したわけではありません。自分で何かしたい、世界をフィールドに活躍したいと思っていました。ところが、人事の仕事に就き、グローバルな社員に活躍してもらうことで何かを達成することが自分の仕事になりました。自分でなく、ヒトの活躍を通して物事を成し遂げるというのは、むずかしい分、より深いやりがいを感じるようになりました。いまでは、ソニーの人たちに楽しく、生き生きと仕事ができていると感じてもらうことが、何事にも代えがたいやりがいと充実感につながるようになりました」

ソニーが成長を求める限り、人事もつねに変わり続ける必要がある。安部は、気を引き締める。

「多くの試練を経てきましたが、ソニーの文化を守りながらいまに至っています。未来永劫、盤石というわけにはいかないでしょう。ただ、これからもソニーが成長し続けるには、やはり個を大切にするという文化を守りながら、新しい方向に向けて何をすべきかを考え続けなければいけない。さらに難易度の高いチャレンジになると思います」

そして、2人の創業者に敬愛の念を表するのだ。

「私は、井深さん、盛田さんに直接接した最後の世代です。お2人の言葉を通して、ソニーの企業文化の価値をより高め、そしてヒトという財産を継承していかなければならないと思っています。40年やってきて、人事の深さとやりがい、むずかしさをあらためて感じていますね」

それを象徴するのが、18年の「経営方針説明会」の席上、当時社長の吉田憲一郎が、いきなりバックスクリーンに井深と盛田の肖像を大きく映し出したことだ。創立75年以上が経過したいまでさえ、2人の言葉は、ソニーで働くすべての人たちにとって成長のよりどころになっている。歴代の経営者は、創業者の言葉に情緒的に盲従するというよりも、ストラテジックに本質を継承すべきととらえている。それは、成長という執念にも似た思いを持ち続けるソニーならではのユニークさだ。そして、どん底から復活し、再び成長ステージに立つことができたソニーの強みでもあるのだ。

第1章

世界を感動させる
エンタテインメントの
仕掛け人

エンタテインメントは、理屈抜きに人の心を惹きつける。

ソニーグループは、ゲーム、音楽、映画などのエンタテインメント分野に長い歴史を持ち、多くの成功をおさめてきた。際立った個によって生み出されるコンテンツは、世界中のファンを熱狂させる力を持つ。

ソニーは、コンテンツとテクノロジーを融合し、新たなエンタテインメント体験を創出しようとしている。独創的なIP（知的財産）に加え、音響、映像、センシングなどの革新技術をもってメタバースをはじめとする先端領域に踏み込んでいく。

世界にまだないエンタテインメント体験をつくるのは、どんな人たちなのか。何を考え、どんな思いを胸に働いているのか。世界中の人々に向けて、感動コンテンツを創出する彼らの実像をみていこう。

YOAS0BIをつくり出した30代の2人

屋代陽平 やしろ・ようへい

ソニー・ミュージックエンタテインメント Echoes（エコーズ）
2012年入社

山本秀哉 やまもと・しゅうや

ソニー・ミュージックエンタテインメント Echoes
2012年入社

インタビューの場に、赤ペンでびっしり書き込みを入れ、
付箋をベタベタと貼ったリサーチノートを持ち込んだら、
それを見た屋代さんはいった。
「そのノートのほうがおもしろい」。目のつけどころが違うのだ。

「アイドル」の世界的ヒット

総合エンタテインメント企業として、音楽・アニメ・ゲームを中心とする新たなコンテンツIPを開発し、多様なソリューションと掛け合わせて世界中へ届けることで、新しい感動体験を提供しているのが、ソニーミュージックグループだ。2人組人気ユニット「YOASOBI」のプロデュースは、その実践の好個の例である――。

日本語楽曲初の快挙だった。2023年6月10日付の「米ビルボード・グローバル・チャート（米国を除く）」で、1位を獲得したのがYOASOBIの「アイドル」だ。

YOASOBIは、22年12月にインドネシアとフィリピンで開催されたフェス（フェスティバル）で海外ライブデビューを果たし、23年8月には米国のフェスにも参加。以降、香港、台湾、韓国、シンガポール、マレーシアなど各地でライブを開催、会場に集まったファンを熱狂させた。ファンと一緒に「アイドル」を日本語で熱唱する姿は、あっという間に世界に広がった。その人気は南米やアフリカにも拡大している。

YOASOBIの生みの親で、ソニー・ミュージックエンタテインメントの屋代陽平と山本秀哉に会ったのは、海外デビュー前年の21年9月だ。海外活動について尋ねると、屋代はこう答えた。

「海外といっても、台湾、韓国、中国、ベトナムなど、市場によって音楽事情が違います。応援してくれるところがあれば、そこに力を入れます」

ガンガン攻めていくぞ、という積極性は、この返答からは感じ取れなかった。山本も、似たような温度感だった。

「YOASOBIは、海外で聞いてくれる人も多いです。ただ、やってみないとわからない。ゼロベースでやってみて、もし反応がよければ、力を入れていく感じですかね」

まだまだこれから挑戦する、というフェーズなのだな……という印象だった。

それが、冒頭に記した快挙である。異常なスピードで海外での認知度を高めた。予想外だった。

小説を音楽にするアイデア

YOASOBIのデビューの経緯を振り返ってみよう。その鮮烈なデビューは、日本が新型コロナ禍に突入する直前だった。第1弾楽曲「夜に駆ける」がリリースされたのは、19年12月である。翌20年から新型コロナ禍が本格化し、リアルのライブができない状況が続いた。しかし、わずか5か月でストリーミングサービス再生回数は1000万回を超え、その後も次々とヒットをとばした。

新型コロナ禍が落ち着きを見せると、21年12月には日本武道館でのライブを開催。23年には「電光石火」と銘打つ全国ツアー、さらに前述のとおり海外のフェス参加やライブを精力的にこなした。人々の暮らしや働き方が激変した新型コロナ禍において、社会現象といわれるほどの爆発的人気ユニットに化けたYOASOBIは、音楽業界の〝文化革命〟といえる。

ソニーグループ会長CEOの吉田憲一郎は、YOASOBIが21年2月、初のオンラインワンマンライブを配信した際、「妻と一緒に、ワインを傾けながら楽しみました」と、屋代にメールを送ってねぎらった。

屋代はもともとプロデューサーだったわけではない。12年に大学卒業後、ソニーミュージックに入社し、3年間、iTunes（アイチューンズ）やレコチョクといった音楽配信サイトに曲を売り込む仕事をした後、中長期の戦略を立てるための資料作成の裏方など、経営幹部のサポート業務に従事。そして、「新規事業創出」のミッションを与えられた。

読書好きだった屋代は、小説投稿サイト「monogatary.com（モノガタリードットコム）」を17年に立ち上げた。

「小説は、音楽、映像、アニメーションなど、ビジネス展開の大きな可能性を秘めています。現に、ソニーミュージックはその分野の事業を展開していますからね」

小説投稿サイト自体は珍しくないが、いまなお、毎日200～300本が投稿されているという。優秀作品を商品化するため、コンテストを開催している。

「ウェブサイトの初期投資としてそれなりの費用がかかりますから、事業計画を出す必要がありました。3年後、5年後の展望とかを書いて、それっぽいことをいって、上の方には納得してもらった感じです」

4歳から18歳までピアノを習っていた屋代の脳内に、あるアイデアが浮かぶ。小説は、言葉による説明になりがちだ。いっそのこと、小説を生の感覚の音楽にできないか。YOASOBI誕生の起点だ。彼のセンスは並ではない。

アイデアを提案する機会を設けて、思う存分やらせるのが、ソニーのやり方だ。「これだ!」というものを持つ人を積極的に支援する。それは、ソニーミュージックの文化である。

屋代の同期で、YOASOBIのもう1人の生みの親が、山本秀哉だ。屋代は、小説の楽曲化の企画を進めるにあたり、山本に一緒にやらないかと声をかけた。山本は現在、YOASOBIのA&R(アーティスト&レパートリー)を務める。

山本は、自分が演奏するより聴くのを好む。それも、なぜその曲が売れているのか、なぜ自分が「いい」と感じる曲が売れないのか、そんな背景を深掘りして考えるのがおもしろいという。入社以来、CDやゲームのパッケージの制作やゲーム会社に販促物や店頭ポップを提案して回る仕事をし、ブログを書いて発信していた。

ある日、屋代から「これ、いいよ」という言葉とともに、山本のもとに１本の動画が送られてきた。それが、ウェブ発信を続けていたＡｙａｓｅ（アヤセ）の音楽だった。これが、彼の発掘につながる。とがった屋代の感性の賜物（たまもの）である。

Ａｙａｓｅは山口県出身で、地元ではピアノの腕前から神童と称されていた。後日、出演したテレビ番組の中で、「音楽でご飯を食べるなんて夢だと思っていた。初給料で『バイトが辞められる』と思ってめちゃくちゃうれしかった」と語っている。ＹＯＡＳＯＢＩという不思議なユニット名は、彼の発案だ。

ボーカロイド（ボカロ＝歌声を合成するソフトウェア）プロデューサーを〝正規の顔〟とすると、新たに始める活動は、いわば〝非正規の顔〟だ。一種の「夜遊び」のようなものではないか。命名の由来だ。近年、一般的なビジネスパーソンにも「兼業」や「副業」が浸透しつつある。ＹＯＡＳＯＢＩのネーミングは、そうした時代の波をすくい取っているのだ。

ボーカルのｉｋｕｒａ（イクラ）をスカウトしたのは、Ａｙａｓｅだ。彼女は、幾田りらの名で活動するシンガーソングライターである。

「小説を音楽に組み替えてアウトプットするなど聞いたこともない。物語の主人公はどんな感情を抱いているのか、その人になりきることにしました」

と、ｉｋｕｒａは、あるインタビューで語っている。

チームを組んだ4人は、グループLINEを使って、屋代が「思考停止するくらい」と表現するほど、何時間にもわたって議論を交わし、およそ3か月かけて原作の星野舞夜作「タナトス（注・ギリシャ神話に登場する死神）の誘惑」の若い男女のストーリーをもとに歌詞をつくり込んでいった。

山本は、次のように振り返る。

「Ａｙａｓｅには強い思いがあったし、すごく努力をするタイプだから成長する。ｉｋｕｒａもそうですね。ＹＯＡＳＯＢＩが爆発的に人気が出たのは、そうした思いや努力や才能が掛け算され、とてつもない熱量が生じたから。それが、僕たちが提供するものにうまくハマった」

それは、奇しくもソニーが掲げる「クリエイターに近づく」を、屋代と山本が実践した結果である。

SNS世代に届ける

「本人たちも含め、ＹＯＡＳＯＢＩがこんなに売れるなんて誰も思っていなかったんです。スピード感がすさまじくて、正直、ついていくのに必死だった」

と、屋代は振り返る。

売れる「スピード」だけではない。昭和世代は、YOASOBIの曲はアップテンポ過ぎて、歌詞がうまく聞き取れない。雑音、騒音……にさえ思える。お手上げだ。それでも聞いていると、ゲーム、アニメのシーンが頭の中に断片的に浮かんでくる。これが今流の音楽か……。

♪沈むように溶けてゆくように
二人だけの空が広がる夜に――

「夜に駆ける」（作詞・作曲Ayase）は、イントロなしでいきなり始まる。小説の音楽化だから、1番とか2番とかの区切りがない。延々と詞が続く。「明けない夜に落ちてゆく前に」「二人でいよう」「君の為に用意した言葉 どれも届かない」――。

ikuraの透き通った歌声とテンポの良いリズム。YOASOBIの数々のヒット曲は、魂の叫びとは異なる。時代に抗議するでもない。先を見通せない、生きづらい現代の若者たちの不安や寂しさ、焦りの中で揺れ動く心情に寄り添う。

YOASOBIのファンの多くはデジタルネイティブ世代である。

東京・世田谷区のある小学校で、こんなシーンが見られた。20年3月のことだ。新型コロナ禍で給食時間の校内放送が中止され、会話も禁止になった。5年生の教室で〝黙食〟

は寂しいからＹＯＡＳＯＢＩの曲を流そうとなり、担任も許可を出した。給食の時間になると毎日、「夜に駆ける」が流れた……。

彼らは、ゲーム、スマホとともに育った。ヒット曲は、ＳＮＳ（交流サイト）で最初に知る。彼らにとって、ＹＯＡＳＯＢＩは〝常識〟だった。つまり、時代の背景を抜きにヒットは考えられない。

そういえば、屋代がＡｙａｓｅを見つけたのはニコニコ動画だし、Ａｙａｓｅの曲づくりはコンピュータ１台で完結するいわゆるＤＴＭ（デスクトップミュージック）だ。さらに、マーケティングもひと昔前とは異なる。従来のプロモーションは、お金を使ってテレビやネット上で告知するのが主流だったが、ＹＯＡＳＯＢＩは違う。ＳＮＳを駆使し、デジタルネイティブたちに訴えてファンの熱量を高めていく。その過程にはマーケティングＤＸ（デジタル・トランスフォーメーション）が実践されている。

屋代は次のように語った。

「頂点を目指しているわけではない。ＹＯＡＳＯＢＩは、スペイン・バルセロナのガウディのサグラダファミリア教会のように、つねにつくり続けていくものだと考えています」

想定を超える「踊ってみた」効果

では、「アイドル」は、なぜこれほどの世界的ヒットを刻むことができたのか。すでに、理由は業界でさまざまに分析されているが、あらためて考えてみたい。

まず、世界で人気のある日本のアニメコンテンツとの組み合わせの相乗効果があげられるだろう。「アイドル」は、『【推しの子】』（原作・赤坂アカ）のテレビアニメのオープニング主題歌だ。このアニメ自体が超ヒット作である。

アニメ化のプロモーションにあたり、「アイドル」はさまざまな場面で、故意に部分的に公開されてきた。マンガ『【推しの子】』のファンやアニメファン、さらにＹＯＡＳＯＢＩのファンらは、その「部分」を聞いて、ざわついた。アニメ『【推しの子】』の第１話が映画館で先行上映された際に、「アイドル」は初めて通して公開されたのだ。

つまり、いくら聞きたいと思っても映画館にいかなければ通しては聞けない状態がつくられた。一種の渇望から、ファンの熱量は極限まで高まり、配信開始と同時に爆発した。

むろん、曲自体が入念につくり込まれ、魅力的であるのは断るまでもない。ＹＯＡＳＯＢＩはもともと、原作となる小説を題材に楽曲をつくっているが、今回は、『【推しの子】』の原作者である赤坂アカに、楽曲のもととなる短編小説を書いてもらった。「４５１

0」と題する掌編がそれだ。この作品は、ウェブ上に公開されている。読むと、「アイドル」の歌詞の意味がよく理解できる仕掛けである。

さらに、Ayaseが原作の『【推しの子】』のファンであり、頼まれる前から勝手にイメージした楽曲を制作していた。その曲が、「アイドル」のベースになっている。ちなみに、屋代と山本も『【推しの子】』のファンである。曲の背景にドラマがあるのだ。

歌詞自体は、『【推しの子】』のヒロインであるアイの心情、第三者視点、そして「4510」の主人公という3つの視点を織り込んだ、じつに複雑な歌詞になっている。曲調は、明るい部分も暗い部分もあり、ラップやヒップホップの要素に加え、クラシックや「ヲタク」要素もあって、音楽に詳しい人ならそのむちゃくちゃぶりに驚き興味をそそられる。それでいて、素人が聞いても耳馴染みはよく、ボーカルのikuraの声と表現力に引っ張られて、ついもう一度聞きたくなるのだ。複雑かつ多様な要素は、多くの人を引き込む要因になった。

実際、「アイドル」はじつにリズムがいい。昭和世代といえども、思わずというか、自然に体が動く……。

SNSを活用し、それこそTikTok（ティックトック）で「歌ってみた」「踊ってみた」と、つい体を動かしたくなるような曲づくりも意識していた。いずれも屋代と山本が、YOASOBIやスタッフらとも事前に検討に検討を重ね、もっとも効果的な曲づくり、配信の仕方などを仕組んで実行した。

結果、想定通りというより、想定を超えた効果が起きた。K-ポップのアーティストたちが、公式アカウントで次々と「アイドル」の「踊ってみた」動画をアップし始めたのだ。この動きを瞬時にキャッチし、屋代らはこれらの動画に「いいね」や「コメント」で次々と応じて、拡散のムーブメントを大きく育てていった。

海外への対応も早かった。配信直後の海外での反応の良さをうけ、急遽（きゅうきょ）、英語バージョンを予定より早く収録しビルボードランキングの集計のタイミングにしっかりと合わせてリリースした。これが、冒頭のランキング1位に寄与したのだ。

期待に応えるより自分がおもしろいことを

22年8月29日、ソニーミュージック所属の郷ひろみのデビュー50周年の記念式典が、抽選で選ばれた50人のファンを集めて、東京・港区のソニーグループ本社で開かれた。日ごろ、記者会見などが開かれる会場だ。会長CEOの吉田憲一郎、専務の神戸司郎らが出迎え、感謝の意を伝えた。

郷ひろみは記者の質問に答えて、ソニーと長続きした理由をこう語った。

「人と違うことをする発想がソニーグループの皆さんに根付いている」

人のやらないことをやる。それは、ソニーの本質だ。屋代と山本もまた、「人と違うことをやる人」であるのは間違いない。

彼らの働き方は、じつにスマートだ。バランス感覚に優れているといったらいいか。超多忙なはずなのに、「汗」や「涙」の悲壮感はない。「必ず成功してやる」という欲深さもない。平成の「低成長」や「停滞」の単語に象徴される暗さもないのだ。

「僕たちは、恵まれている」と、屋代は語る。謙虚で客観的な目線がある。あくまでも自然体だ。かといって、冷めているわけでもない。仕事に対する熱量は人一倍高いし、努力も惜しまない。生き生き、伸び伸びと仕事をしている。プロとしての自負もある。

「かりに僕と同じことを誰かがやったとしても、同じ結果が出るとは思えない。僕は音楽や映画が好きで、これまでほかの人よりお金も時間も使ってきた。自分が好きでいっぱい遊んできたジャンルだからこそ、最後の一押しでうまくいったと思っています」

と、屋代はいう。

仕事をしながら遊び、遊びながら仕事をするというのはこういうことか。

入社から10年以上が経ち、2人は中堅といった年齢だ。ソニーでの未来をどう描いているのだろうか。屋代は、次のように述べる。

「これをやりたい、という明確なものはないです。でも、いまの自分がまったく想像もつかないことをやれる環境にい続けたいとは思っています。YOASOBIをやってみて、ソニーではいろいろなことができるな、とあらためて思いました。だからこそ、〝これをやってみたい〟と思ったときに、自由にそれを試せる状態を保ちたいですね」

つまり、仕事を与えられるのではなく、自分のやりたいことを仕事にしたいのだ。これは、従来のサラリーマンが与えられた場所で、与えられた仕事をこなしてきたのとは、根本的に異なる働き方といえる。

屋代や山本らの立場はまた、YOASOBI本人たちのような、クリエイターのあり方とは異なる。クリエイターやアーティストらの、1つの楽曲に命を賭ける、歌に人生を賭す、という立場からは一歩引き、そのアーティストの良さを伝えていくために何ができるかを考えている。当然、担当しているアーティストもYOASOBIだけではない。

山本は、淡々と次のように説明する。

「ファンの期待に応えなければいけない、というスタンスでは、仕事をしていません。むしろ、期待に応えるより、新しいことや、おもしろいことをやるほうがいいんじゃない？と思っています。新しいことをしても、お客さんには刺さらないかもしれない。結果、失敗しても〝刺さらなかったんだな〟と思うだけです。逆に『アイドル』がヒット作となったことに対しても〝刺さったんだな〟と」

彼らには、ちょっと売れて「調子に乗る」ということがない。つねに冷静に、客観的に、アーティストと自分たちを見ている。仕掛けに対して過剰な期待をせず、一喜一憂もしない。失敗に対しても、成功に対しても冷静なのだ。

この姿勢には、世代的なものもあるのかもしれない。たとえば、大リーグ・ドジャースの大谷翔平や、史上初将棋8大タイトルを制覇した藤井聡太らが、決して調子に乗らず、いつも冷静であることに、共通したものを感じる。とはいえ、彼らの音楽や、野球や、将棋に対する熱量が、かつての熱血世代より低いかというと、そういうわけではない。

「好きなほうが、きつい時に頑張れることは間違いないですけどね」

と、屋代は述べる。

山本は、次のように解説する。

「YOASOBIの仕事をしながら、自分のモチベーションがどこにあるのか考えることがあります。正直、売れる、売れないには、あまり興味がない。興味があり、モチベーションを感じるのは、既存の状態を壊すことで新しい価値が生まれる、という状況です。あるものを壊して新しい価値を生み出していくのは、YOASOBIの活動にもいえることであり、音楽業界全体についてもいえることです。音楽のつくり方も、届け方も、聞き方も、変わるタイミングだと思っているので、何かやれることがあるはずだと思っているんです」

彼らに、ゴールはない。目的に向かって進んでいるわけでもない。「YOASOBIは何合目までできましたか」と問うと、屋代はこう答えた。

「つねにいまが最新の状態で、目の前のことに向き合って対応しています。〝いま、どこまでできた〟という話ではないんです」

現代は、「VUCA（ブーカ）（変動性、不確実性、複雑性、曖昧性）」の時代といわれ、先の見通しにくい時代だと、悲観的にとらえる向きもある。

しかし、1年前には考えられなかった世界の舞台に、YOASOBIはあっという間に駆け上がった。彼らの活躍や、屋代や山本らの働き方を見ていると、先が読めないことは悲観することではないのだとわかる。

先が読めないからこそ、楽しい。何が起きるかわからないから、失敗にも腐らず、成功にも調子に乗らない。屋代と山本からは、そんな新たな時代のビジネスパーソンの姿が見えてくる。

アルムナイを経て
映像ディレクター、脚本家に

遠藤泰己 えんどう・たいき
ソニーネットワークコミュニケーションズ
2019年再入社

〝出戻り〟人材だ。
現在、ソニーグループ内でソフトに関する
3つの肩書をもって活躍している。
働き方や仕事に対する価値観が多様化したいま、
〝出戻り〟にネガティブなイメージは微塵(みじん)もない。

「ソニーにお世話になっている」と語る社員

ソニーは、懐が深い。どんな人物も飲み込む許容度がある。人材の多様性の根拠といっていい。

正直、部屋に入ってきた彼に、度肝を抜かれた。アニメのキャラクターを思わせる透明感のある銀髪。古着とおぼしき木綿の色褪せた上着は、ところどころカギ裂きの穴が開いていた。思わず、「その洋服は、どこで手に入れたんですか」と聞いてしまった。「エエッ、そこを、突っ込まれるとは思わなかったな……」と笑いながら、彼はいった。

「古着は好きですね。これ、結構、高いんですよ」

彼のこだわりはファッションに限らない。何事も自分で決め、自分らしさを大切に生きる自由人である。ユニークな社員が多いソニーの典型的な1人だ。

彼すなわち遠藤泰己は、現在、ソニーネットワークコミュニケーションズで光回線技術を扱う部署に所属し、新規事業の立ち上げをサポートしている。並行して、業務外の活動としてソニーミュージックでの取り組みも手伝っている。

「やりたいようにやらせてもらっているので、ソニーにはずいぶんとお世話になっているんです」

サラリーマンらしからぬ発言は、いかにも彼らしい。

遠藤は、ＹＯＡＳＯＢＩのプロデューサーの屋代陽平と同じ大学出身で同期だ。大学時代には接点はなかったが、入社後、次世代経営人材育成を目的としたソニーユニバーシティで顔を合わせ、公私ともに付き合うようになった。

「屋代君は価値観の近い〝同志〟です。仕事も含めていろんな話ができる人を見つけられたのは、僕にとってすごくラッキーなことです」

屋代との縁で、ソニーミュージック所属アーティストのミュージックビデオの監督などを務める。彼はいま、映像ディレクターと脚本家の肩書も持つ。

ホンネで語る面接官

遠藤は、大学の環境情報学部でコンセプトデザインと編集を学んだ。ある著名な作家が教授を務める研究室では、ウェブマガジンの企画、編集、発行を手掛けた。著名ウェブデザイナーのインタビュー記事を配信したところ、アクセスが急増し、サーバーが落ちたこともある。

就職先の第1希望は、大手広告会社だった。ソニーは、度胸試し、運試しのつもりで受けた。面接では、ウェブマガジンのエピソードを披露した。

「まだ、ウェブマガジンがそれほど知られておらず、別の会社では、〝ウェブマガジンとは何か〟から説明しないといけなかった。でも、ソニーでは説明が不要で、おもしろがって聞いてくれました」

遠藤は、面接官にこんな質問をした。

「雑誌で読んだんですけど、ソニーは合コンが多いって本当ですか？」

面接官は、突拍子のない質問に慌てる様子もなく、ごく普通に応じた。

「雰囲気のいい会社だな」と感じた。この人たちならホンネを出しても受け止めてくれると思った。

「ほかはどこを受けているの？」

「明日、広告会社の最終面接なんです」

「両方受かったら、どうするの？」

「代理店のほうがかっこよさそうなので、そちらですかね」

遠藤は、ホンネで答えた。すると、面接官は、いやな顔をすることもなく、こういった。

「遠藤さんが研究室でやっていた出版やデザインの経験は広告会社で生きるだろうから、絶対に活躍できますよ。でも、僕は、遠藤さんみたいな人と一緒に働きたいな」

この面接試験後、遠藤はあらためてソニーの企業分析をし、広告会社の内定を蹴って2012年にソニー入社を決めた。

企画力を生かしてオーディオ体験会

「僕は、ノリが軽いタイプなので、フランクな部署に配属されると思っていたところ、ガチガチの営業でした」

担当したのは家電の営業だった。いきなり福岡営業所に配属された。

「いらっしゃいませ！　いらっしゃいませ！」

家電量販店で青いハッピを羽織って、拡声器で呼び込みをした。自社商品の説明をはじめ、量販店から求められることはなんでもやった。1年半の間、現場に立った。

「ソニーは、モノをつくって売っている会社だということがよくわかりました。そのモノが、目の前で売れたり、逆に売れなかったり、お客さんから文句をいわれたりする経験ができたのは貴重でしたよね」

あるお客さんは、「あなたがいるから買うわ」とハンディカムを買ってくれた。モノを売ること、買ってもらうこと、お客さんに喜んでもらえることに、シンプルな喜びを感じた。

「商品の何がお客さんの心に刺さるのか。あるいは何が刺さらないのか。それを肌で実感できたことは、その後の商品企画や現在の仕事につながる大きな経験でした」

入社2年目の秋、現ソニーマーケティングのカスタマーマーケティング本部リテールMD部に配属になった。ソニーストアのECサイトの運営である。

遠藤が担当したのは、オーディオ商品だ。その頃、ソニーストアでは売上増のために、ソニーを選んでもらうための新たな提案が必須だった。

映画、ドラマ、音楽、アニメといったコンテンツ好きの遠藤は、その知識を生かし、持ち前の企画力を発揮する。

「若い世代に刺さるのはアニメですよ。彼らはオーディオでアニソン（アニメソング）を聞いているんです。アニソンを高音質・高画質で体験できるようにすれば、絶対、若い世代が店舗にきてくれますよ」

と、上司を説得した。

「そうか。じゃあ、一度、大阪にいってやってみたらどうか」

遠藤は、ソニーミュージック傘下のアニメ制作会社であるアニプレックスと交渉し、サスペンスアニメ『残響のテロル』を軸に、アニメコンテンツを前面に押し出したオーディオの体験会をソニーストア大阪で開催した。

「それまでソニーストアの主要な顧客層ではなかったような、10代、20代の子たちがやってきて、〝これは確かにすごい〟〝意外とソニーにも手頃な商品があるんですね……〟といって帰っていくんです」

また、若年層にファンの多いLiSA、ASIAN KUNG-FU GENERATIONなどのアーティストや、ゲームとコラボレーションしたウォークマンやヘッドホンを企画し、ソニーストアの限定販売という形で売り出した。

遠藤は16年、「サウンドの商品企画をやりたい」と「社内募集制度」に手を挙げた。車載オーディオの商品企画に配属された。

私生活ではクルマに乗っていなかったが、むしろ、それが良かった。従来のオーディオユニットにとらわれない斬新なデザインを提案した。

「職人肌の方が多くいる部署で、新しい視点を求められました。僕は、若い世代が、スマートフォンのようなクリーンな見た目のデザインを好むことを実感していたので、シンプルなデザインを提案しました」

左右対称性の高いシンプルなデザイン案を欧米に持ち込んだところ、「まさしくこれだ」と、評価された。それをもとに、遠藤は、新しい車載オーディオを企画した。

映画会社への転職

転機は、突然やってきた。ある日、JR品川駅の構内で、遠藤はふと足を止めた。駅構内の立ち食い蕎麦屋「吉利庵」で、見覚えのある人物を見かけたのだ。

大手映画会社に勤務する、日本を代表する映画プロデューサーだった。映画やアニメ、ドラマ好きの遠藤にとって、憧れの存在だ。

面識があるわけではなかった。だが、彼はここぞとばかりにそのプロデューサーに話しかけた。

突然話しかけられたそのプロデューサーは、〝はッ？〟という感じだった。遠藤は、名刺をもらうのが精いっぱいだった。

帰宅すると、すぐにメールを送った。

「自分のやりたいこと、やるべきことの折り合いをつけようと考えていたところにお見かけして、声をかけずにはいられませんでした。自分はまだ映画づくりをあきらめきれていないのだと、再確認しました――」

遠藤は、大学時代、映画監督を夢見ていた。映像の授業を受講し、映像の自主制作をしたこともある。映画業界にチャレンジしたいという思いを、ひそかに抱え続けていたのだ。

「映画の世界に飛び込める方法はありませんか」と、熱い思いをぶつけた。最初の返事は、そっけないものだった。

「大手の映画会社は、基本的に新卒で採用した生え抜き人材をプロデューサーに育てる方針を持っている。中途採用はしていないし、実績のない人には、基本的には無理」――。

たんたんと伝えられた。

しかし、遠藤は、あきらめなかった。何度も連絡をとった。遠藤の熱意と行動力、あるいは人となりが買われたのだろう。何度かの面接を経て、大手映画会社に採用が決まった。「映画は総合芸術だから、飽きないと思うよ」と、そのプロデューサーは励ましてくれた。

ソニーの上司に退職の意思を伝えると、「本当にいくのか？」と、驚かれた。

「映画のプロデューサーをするのは、僕にとっては1つの夢だったんです」

率直に自分の思いを伝えたところ、「そこまでいうなら、応援するよ」といってくれた。

17年にソニーを退社した。27歳だった。新卒入社6年目にして、自分の可能性を探りたいと考えた。

料理から店まで持つ強み

遠藤は、彼のもとで映画づくりに携わった。映画のプロデューサー業務を、丁稚（でっち）のようにして学び始めた。

当時、いわれ続けたことがある。

「お茶を買ってこいといわれて、お茶を買ってくるやつはダメだ」――。

どういうことか。お茶を買ってきてほしいと頼まれて、コンビニにお茶を買いにいったとする。そのとき、いわれた通りにお茶を買うだけではなく、誰がどのシチュエーションで飲むかを考える。コーヒーもあったほうがいいかな、少しつまめるおやつもあったほうがいいかな、などと、状況に応じて気を回し、「これがほしかった」と思われるものを買ってくることができなければいけない。

プロデューサーの仕事は多岐にわたる。脚本家、監督、俳優、キャスト、カメラマン、照明、スタイリストなど多くの人と接する。

「相手がどういう気分かを想像しながら働かないとダメだ。気が回るヤツじゃないと、プロデューサーは向いてない」

と、遠藤は口酸っぱくいわれ続けた。

「監督が父親だとしたら、プロデューサーは母親にたとえられます。全体を見ながら手綱を捌(さば)く役割です。一般的なキラキラしたイメージとは違って、泥臭い仕事ですよね。原作の本を大量に読んで、企画を出して、プロットを書くこともします。脚本家と脚本づくりをし、監督とどうやったらそれを実現できるか相談し、キャスティングや場所も考えないといけません」

資金や予算なども、プロデューサーが中心になって仕切る。

遠藤は、多種多様で濃密な経験を積んだ。かけがえのない時間だった。そのなかで、あらためてソニーの良さも見えてきた。というのは、遠藤は、あることに気づいたのだ。映画を「料理」にたとえて次のように述べる。

「ソニーの〝外〟に出て初めて、料理から店まで一貫して持っている会社は、じつはソニーのほかにないことに気づきました」

遠藤にいわせると、映画企画・配給会社のプロデューサーが目指すべきは、「料理」そのものである「映画」の制作に全精魂を注ぐプロフェッショナルだ。その一方で、料理を提供する皿や店づくり、すなわち劇場の音響や画質は、配給される劇場に託さざるを得ない。

その点、ソニーは、ソニー・ピクチャーズやソニーミュージックという「料理」をつくるコンテンツ会社と、ソニーという音響や画質にとことんこだわる職人集団が同じグループ内にいる。この環境であれば、仕上げた作品をどんな皿に載せて店に出し、どう見せるかというところまでをプロデュースできるかもしれない。

遠藤は、制作と見せ方の両方をプロデュースしたいと思った。映画会社で得た経験を経て、ソニーの環境に身を置けば、それができるのではないかと考えた。

ソニーのホームページを確認すると、先端的なコンテンツに関わる部署が募集をかけていることがわかった。ソニーでもう1回、挑戦してみるか。

「受かるとは、思っていませんでした。映画会社の経歴を記して、ホームページから応募しました」

面接まで進むと、面接官の女性に、「ソニーにいましたよね?」といわれた。「じつは、そうなんです」と、正直に答えた。

一度はソニーを離れたことを負い目のように感じていたし、ネガティブな受け止めは覚悟していた。

「もし採用していただけたら、心機一転、頑張るつもりです」

つい、力を込めて述べたが、それを聞いた面接官は、笑っていった。

「私も中途採用ですよ。ソニーには出戻りの人もたくさんいます。むしろ、遠藤さんの強みをよりパワーアップして発揮できるのなら、出戻りを気負うことはまったくない。本当に必要な人材なら、もう一度出て戻ってきていただいてもウェルカムですよ」

19年にソニーに戻った。

「出戻り」人材を裏切り者のようにとらえるのは、過去の話だ。そもそも退職者は、その会社の文化を知り尽くしている。外部で積んだ経験は、社内では得られないスキルとなり、成果を出す期待値が高い。日本でも注目され始めているが、欧米では、「アルムナイ（卒業生）」を積極活用するケースは珍しくない。

ソニーグループでは、ここ数年国内入社者のうち他社経験者が約半分を占めている。

「企業と社員は、ともに選び、選ばれる関係です」と、人事担当役員の安部和志がいうように、魅力ある会社には、人が集まってくる。大切なのは、外に出た人間も再び戻ってきたいと思える魅力ある会社になることと、そうした人材を前向きに迎え入れる度量だ。

「本当に懐の深い会社だと思いますね」

と、遠藤はいう。

全部がオンでもありオフでもある

ソニーに戻って最初に配属されたR&D（研究開発）部門では、独自の立場が生きた。R&D部門の研究者たちは、バリバリのエンジニアだ。一方で、遠藤にはコンテンツに関する知識やプロデュース力がある。両者が組む効果は大きい。

「新しい〝空間音響〟の技術を使って、テストコンテンツをつくりました。360 Reality Audioという技術で、音楽の分野で使われ始めたものでしたが、意外とオーディオブックとの親和性が高いのではないかという議論になっていて、そのプロジェクトに参画しました」

たとえていえば、童話『赤ずきん』の朗読の際、右から臨場感あるオオカミの声、左から赤ずきんちゃんの悲鳴が聞こえるとしたら、ユーザーのオーディオブック体験は、まったく新しいものになるのではないか。

ソニーは毎年、「ソニー・テクノロジー・エクスチェンジ・フェア（STEF）」と呼ばれる社内技術交換会を行っている。各事業や研究開発組織で開発されるさまざまなテクノロジーを共有し、新たな価値を生み出すのが狙いだ。遠藤らは、このSTEFで試作したコンテンツを、ソニーミュージックやソニー・ピクチャーズなどの有識者に聞いてもらい、ビジネス活用の可能性を検討してもらった。

ソニーミュージックは、書籍の朗読コンテンツを提供しており、市場開拓の可能性がある。ここで再び、屋代の登場である。YOASOBIのデビュー曲「夜に駆ける」の原作小説のオーディオドラマ化だ。

「ソニーミュージックが主導し、僕らが間に入って研究開発チームとつなぎながら進めました。映画会社でプロットを書いたり、副業で実写映画の脚本を書く経験をしていたので、その面からのアドバイスもできました」

現在、ソニーミュージックの仕事を手伝う形で、屋代らが運営する「monogatary.com」に投稿された小説のドラマ化で監督を担当している。

「ソニーでドラマの監督ができるとは思っていなかったですね。屋代君が担当しているNOMELON NOLEMONというアーティストのミュージックビデオの監督を5本担当したり、ソニーミュージックが運営する声優・山根綺(あや)の音楽チャンネル〝YAYA RECORDS〟の映像ディレクターや、山根さんのミュージックビデオの監督もさせてもらっています」

じつは、ソニーミュージックを手伝う仕事は、〝課外活動〟であって、土日や終業後の活動に限られる。それでも、遠藤にとっては、やりたいことができるまたとない場だ。

本業のほうでは、数々の新規事業を創出しているソニーネットワークコミュニケーションズで自身もキャリアを生かしたチャレンジがしたいと手を挙げ、社内異動した。

本業の上司は、遠藤の働き方に理解があり、ソニーミュージックでの活動も応援してくれている。課外活動とはいえ、報告は欠かさない。

「課外活動で、経験を積ませてもらっているわけです。日々、遊びながら働き、働きながら遊んでいるので、全部オンでもあり、オフでもある感じですね」

と、笑う。

目標は、実写映画を監督することだ。

「ソニーミュージックを手伝う仕事でご一緒した皆さんと、いまはまだ冗談半分で話していますが、ソニーに在籍しながら長編映画を撮った人は、過去にいないと思います。その扉を、開けられるならこじ開けたい」

ソニーという舞台の上で、遠藤は、「やりたいこと」を貫く。その個の力を、ソニーは企業の成長力として確実に取り込んでいる。新卒であろうが、中途採用であろうが、出戻りであろうが、関係ない。むしろ、他社で知を磨いた遠藤のような人材が、ソニーの事業に新たな風を吹き込む。

ゲームは
五感で楽しむおもちゃ

ニコラ・ドゥセ

ソニー・インタラクティブエンタテインメント
Team ASOBI（チーム・アソビ）
スタジオ代表兼クリエイティブディレクター
2004年入社

いまをときめくゲームクリエイターが働くのは、
どんなところなのか。
出迎えてくれたのは、ゲームキャラクターのアストロくん。
色とりどりのソファーが並ぶオフィスから、
「Team ASOBI」のロゴ入りTシャツを着た
ニコラさんがニコニコしながら現れた。

変化を続けるゲーム業界

ゲーム業界はいま、激しい変化のなかにある。

ビジネスサイドでいえば、IPビジネスは急拡大し、eスポーツも成長を続けている。ソフトウェアは単品売りだけでなく、サブスクリプション（継続課金）サービスが登場し、スマートフォンなどで遊ぶ「モバイルゲーム」、SNS上のゲームである「ソーシャルゲーム」、クラウドサーバー上でゲームのプレイが処理される「クラウドゲーム」など、種類や遊び方の選択肢が増加している。

ユーザー視点でいえば、ゲームを楽しむデバイスが増えた。「プレイステーション®」「ニンテンドースイッチ」などの家庭用ゲーム機だけでなく、パソコンやスマホでも手軽にゲームを遊べる。また、VR（バーチャルリアリティ）ゲーム用のヘッドマウントディスプレイなど、新たなデバイスも登場している。

遊び方も変化している。家庭用ゲーム機は、常時インターネットに接続していることが当たり前になり、ゲーム上で友人と待ち合わせをし、同時に同じゲームで協力や対戦を楽しむことが自然と受け入れられている。また、プレイ中のゲームに、次々と新たなステージやイベントなどがインターネット経由で追加され、継続的に楽しめるようにもなった。

いまや、ソフトウェアは「買い切り」ではなくアップデートを繰り返し、ユーザーは追加されたコンテンツに必要に応じて課金をしながら長く楽しむものと化した。後述する「ライブサービスゲーム」と呼ばれる分野である。

ソニーのゲーム事業の軸は、家庭用ゲーム機「プレイステーション」だ。いまから30年前の1994年に初代がリリースされた。3Dで動くリアルな家庭用ゲーム機は、当時のゲーム業界に旋風を巻き起こし、瞬く間に業界を牽引（けんいん）する存在となった。

ゲームは、ソニーのいわば看板事業だ。実際、ゲーム事業は現在、グループ全体の売上高の3割以上を担い、営業利益でも全体の約2割を稼ぐ屋台骨だ。

ソニーは、現在のゲーム業界の変化にどう対応しているのか。ゲームを通して、何を実現しようとしているのか。

ある人物の経歴を追いながら、ソニーのゲーム事業の一端を見てみたい。

日本のゲームに魅せられて

ニコラ・ドゥセは、現在、ソニー・インタラクティブエンタテインメントで、主にプレイステーション向けの自社タイトルを専門に開発するスタジオの1つ「Team ASOBI（チーム・アソビ）」において、スタジオ代表兼クリエイティブディレクターを務める。

フランス人のニコラがゲーム業界に足を踏み入れたのは、1999年である。フランスのボルドー近郊で酪農業を営む両親のもとに生まれた彼は、もともと日本のゲームが大好きだった。

「子どものころに流行っていたのは、任天堂の『スーパーファミコン』でした。クオリティといい、クリエイティビティといい、日本のゲームはすばらしいと思いました。おそらく私たちの世代は、ゲームを通して日本に興味を持ち、日本はかっこいい、楽しいというイメージを持つようになったと思います」

当時日本のゲームは、「完成度が高い」と評価された。たとえば、映像のクオリティだ。画面に映る背景の美しさ、キャラクターのリアルさ、なめらかで自然なアニメーションなど、映像のクオリティは、プレイヤーの没入感に直結する。

さらに、ゲームシステムのクオリティも、完成度の高さを賞賛される一因だ。ゲームのルール、仕組み、組み込まれたAIの振る舞い、シナリオの展開などによって、プレイヤーが楽しいと感じるか、満足感を得られるかは大きく左右される。ニコラはそんな日本の完成度の高いゲームに夢中になった。当時、フランス語に翻訳されたゲームはなかったため、キーワードを辞書で調べながらプレイし、それをきっかけに英語に興味を持ち、英語の教師を目指すようになった。

イギリスに渡って英語を勉強していたとき、偶然、発売前のゲームをテストプレイして動作や操作性を確認するゲームテスターの仕事に巡り合う。19歳のニコラは、大学には戻らず、大好きなゲームの世界にどっぷりはまっていく。

「以来、25年間、ゲームの世界で仕事をしています」

と、振り返る。

その後、デンマークのブロック玩具メーカー「LEGO（レゴ）」を経て、2004年、ソニー・コンピュータエンタテインメント（現ソニー・インタラクティブエンタテインメント＝SIE）に採用された。

「いつか日本にいくチャンスもあるのかなという期待も、ちょっぴりありました」

SIEのロンドンオフィスで7年、ゲーム制作のプロデューサーの仕事に従事した。

「プレイステーション2」の発売は00年である。初代の性能をはるかにしのぎ、家庭用ゲーム機を新たな次元へと飛躍させた。DVD再生機能やネットワーク接続機能なども導入され、オンラインに対応したゲームも出始めるなど、遊びの幅も広がった。06年には、「プレイステーション3」が発売された。

しかし、ソニーには課題があった。自社によるゲームソフトの開発が、それほど強くなかったのだ。わかりやすくいえば、当時の大ヒット作「ドラゴンクエスト」シリーズを制作していたのはスクウェア・エニックス、「バイオハザード」シリーズを制作していたのはカプコンで、いずれも独立系のゲームソフトウェアメーカーだった。

ソニーがかつて、コロンビア・ピクチャーズを買収したのは、テレビなどのハードウェアを生かすために、ソフトウェアを自社で抱え、シナジー効果を発揮しようとしたからだ。ゲームについても同じである。

つまり、「プレイステーション」という強力なハードウェアを生かすために、ソニーは自社のソフトウェア開発を強化することを決めた。

ゲームビジネスは一筋縄ではいかない。戦略的な計画と投資、ユーザーとのコミュニケーションはもとより、ハードとソフトのシナジーなくして成立しない。つまり、ハードのクオリティだけではゲームビジネスを勝ち抜くことはできないのだ。

「ゲームは、ハードのビジネスではない」

かつて任天堂社長の山内溥(ひろし)にインタビューしたとき、そういわれたことを思い出す。ソニーのゲームビジネスに、新しいチャレンジが求められていた。

ゲーム開発スタジオ「Team ASOBI」

ニコラは11年、東京のソニー・コンピュータエンタテインメントの社内組織「ワールドワイド・スタジオ」に異動になり、翌12年に社内ゲーム開発スタジオ「Team ASOBI」をつくった。プレイステーション向けのソフトウェア開発のためのスタジオだ。

「当時は、少人数の小さなチームで、スタートアップに近い存在でした」

その一風変わったスタジオ名には、彼の〝ゲーム愛〟が込められている。スタジオ名のアイデアをスタッフと一緒にホワイトボードに書き込んでいったときのことを、彼はいまでも鮮明に覚えている。引っかかったのは、「遊び」という言葉だった。

先に述べたように、ニコラはＳＩＥ採用前の5年間、デンマークの「ＬＥＧＯ」で働いていた。「Ｔｅａｍ ＡＳＯＢＩ」というユニークなスタジオ名は、「ＬＥＧＯ」の由来であるデンマーク語「ｌｅｇ ｇｏｄｔ」からつけられた。「よく遊べ」という意味である。

ニコラは、次のように説明する。

「私たちが行うすべてのことは、『遊び』をもたらすものでありたい。そのことを忘れないために、『遊び』という言葉をスタジオ名に入れました」

「Ｔｅａｍ ＡＳＯＢＩ」は、ＳＩＥの子会社で、主にプレイステーション向けのソフトウェアを自社で専門に開発する「プレイステーションスタジオ」、いわゆる「ファーストパーティ」の柱の1つとなった。ちなみに、ゲーム業界においてファーストパーティが提供するタイトルを開発する関連企業を「セカンドパーティ」、ファーストパーティと資本関係をもたない、カプコンやスクウェア・エニックスといった独立系のゲームソフトウェアメーカーを「サードパーティ」と呼ぶ。

ＳＩＥにはファーストパーティのスタジオが世界各地にある。それぞれが独自のコンテンツを制作しており、多様で、個性を持つ。

では、ソニーはなぜ、ファーストパーティのスタジオの強化に注力しているのだろうか。ニコラは、次のようにいう。

「新しく出るハードウェアの特徴を十二分に使って、その魅力を伝えられるような最高のゲームをつくることが、私たちのミッションです」

どういうことか。

たとえば、「プレイステーション5」の場合を考えてみよう。「プレイステーション5」では、「DualSense（デュアルセンス）」と呼ばれるワイヤレスのコントローラーが新たに開発された。この「デュアルセンス」には、「ハプティックフィードバック」「アダプティブトリガー」などの新機能が搭載されている。

「ハプティックフィードバック」は、操作に応じてコントローラーが振動するなどの反応を示す機能だ。ボタン操作に反応するほか、ゲーム内で流れる音楽に合わせてリズムよく振動したりもする。振動には、さまざまな種類がある。「アダプティブトリガー」は、ゲームの状況に応じてボタンから感じる抵抗力の強弱が変わる機能だ。

こういった機能の価値を最大限に発揮させ、魅力を伝えるゲームをつくることが、ファーストパーティの重要なミッションだと、ニコラは述べる。

本体の発売と同時に、「ローンチタイトル」と呼ばれる新ハードの発売時期から遊べるソフトウェアを用意するのも、ファーストパーティの重要な仕事だ。また、「プレイステーション5」の場合は、ソフトウェアを買わなくてもすぐにゲームが遊べるよう、あらかじめプリインストールのソフトウェアが組み込まれている。こういったソフトウェアは、新しいハードの成功に寄与する大切な存在だ。

サードパーティと呼ばれる外部のスタジオでは、新規ハードウェアの開発中にその性能や魅力を100％発揮させられるようなローンチタイトルの開発を並行することはむずかしい。ハードウェアの仕様の詳細が不確定な状況下では、ソフトウェアをつくり込めないからだ。

その点、ファーストパーティはハードウェアの特性や機能について、密に連携しながら開発を進められる。新たなハードウェアの機能をどのように使えばおもしろいのかを、ハードウェア開発部隊と一緒になってサンプルデモをつくりながら追求していく。もちろん、プロトタイプをいち早く手にすることもできる。スケジュールもすり合わせられる。

「ハードウェアチームとの距離が近いことは、大きな利点です」

と、ニコラはいう。ソニーが、ハードとソフトの両方を抱える意義がここにある。

「Team ASOBI」は、「プレイステーション5」にプリインストールされたローンチタイトル「アストロプレイルーム（ASTRO'S PLAYROOM）」を制作した。

「ゲームは、さながらマジックです。コントローラーでこんな操作をしたら、こんな体験ができたというように、マジックを見せることができます」

と、ニコラはいう。

「アストロプレイルーム」は、「アストロくんの遊戯室」という名の通り、主人公のアストロくんが、転がってくる岩を避けたり、弓を使って敵を撃ったりと、さまざまなギミック（仕掛け）が用意されている。コントローラーの「デュアルセンス」で弓を引く操作をすると、先ほどの「ハプティックフィードバック」や「アダプティブトリガー」の機能により使い、本当に弓の弦をギリギリと引き絞る感覚が手の内に伝わってくる。草の上を歩いているときは、コントローラーを通じて手の内に、草の感覚がリアルに感じられるから不思議だ。マジックである。

「弓を引くときの強弱が伝わったり、砂の上を歩いたらシャリシャリという音が振動を通じて感覚的に〝聞こえて〟きたりして、画面上で展開されるアクションが、よりリアルに感じられるんです」

と、ニコラは説明する。

ＩＰ価値を最大化する

ここで、ソニーのゲーム事業の最近の動きを押さえておこう。先にあげたように、いまゲーム業界でユーザーを惹きつけているのが、ライブサービスゲームだ。

従来のゲームは、ユーザーがソフトウェアを購入して遊び始めた後、ストーリーを読み終わり、すべてのアイテムを集め、すべてのミッションやステージをクリアしたら「終了」だった。

その点、ライブサービスゲームは終わりがない。次々と新たなステージやキャラクターが登場し、イベントが企画され、インターネットを通じてユーザーのゲーム機に届く。あるいはクラウド上に公開される。いつまで遊んでも、「終了」しないのだ。つまり、プレイヤーコミュニティに長期にわたって魅力的なコンテンツを提供し続けることで、ユーザーの離脱を防ぎ、ゲームのライフサイクルを長期的なものにできる。

ソニーは、22年に米大手ゲーム開発会社のBungie（バンジー）を買収した。ライブサービスゲームの開発強化が目的だ。バンジーには「Destiny（デスティニー）」という成功したゲームタイトルがある。

もう1つの動きは、IP価値の取り込みと最大化だ。

19年には、「プレイステーション」のファーストパーティタイトルの映画およびテレビ番組化を推進するプレイステーション プロダクションズが発足した。

たとえば、日本に拠点を置くファーストパーティ「ポリフォニー・デジタル」が制作したドライビングシミュレーター「グランツーリスモ」は、ソニー・ピクチャーズにより映画化され、23年9月に日本でも劇場公開された。私も映画館に観にいったが、リアルなレースシーンはもとより、臨場感あふれる音楽が心に残った。劇中のケニー・Gのサウンドはいまも耳に残る。

「ファーストパーティがつくるゲームだからこそ、グループ内の連携によって映画化やドラマ化がしやすくなることはあると思います。事業を横断したテクノロジーの活用もできます」

と、ニコラは説明する。

吉田憲一郎は、23年度の経営方針説明会の席上、「先日、劇場でマリオの映画を観ました。すばらしいIPでした」と述べた。23年公開の映画「ザ・スーパーマリオブラザーズ・ムービー」である。マリオは、いわずと知れた任天堂のゲームIPだ。吉田が、わざわざ他社のゲームIPを引き合いに出したのは、世界的な人気ゲームキャラクターが、映画をはじめ他コンテンツに波及する有力IPになるという、その威力を強調したかったからだろう。

ゲームにソウルを込められるか

ファーストパーティには、何より、クオリティの高いゲーム制作が求められる。必要なのはクリエイター重視の職場環境だ。

ニコラは、次のように述べる。

「つくっている人が幸せなら、ユーザーも同じ気持ちを感じながらプレイしてくれるはずです。大切なのは、ゲームにソウルが入っているかどうかだと思います」

「Team ASOBI」のオフィスは、クリエイターがクリエイティビティを発揮できる工夫がそこかしこにある。「遊び」のためのスペースもたくさんある。リモートワークも取り入れられているが、オフィスで顔を合わせて議論する時間も大切にしている。

「Team ASOBI」の社員はファーストパーティの中では少ないほうだ。ゲームデザイナー、アニメーター、コンセプトアーティスト、ゲームプレイプログラマー、VFXプログラマーなど、さまざまな職種に携わる社員が働いている。

「濃縮したクリエイティビティを詰め込み、制作スピードを上げるためには、ちょうどよい規模感だと感じています」

ニコラは、社員の採用から人事評価、人材育成、チームビルディングなど、マネジメントのすべてを見ている。最高のゲームをつくるために重視しているのは、仲間同士が信頼し合えるポジティブな職場環境だ。社員のワークライフバランスも重視している。

チームには、多様な個性を持つ人材が多数在籍している。約25%が海外人材で、その国籍は17におよぶ。

「議論をするときに、いろいろなバックグラウンドの人がいると、さまざまな視点が得られ、バランスもとれます。世界中の人にポジティブなゲーム体験を提供するために、文化的背景などを含めてたくさん話をしますね」

近年、盛んにダイバーシティ経営が注目されるのは、異なるバックグラウンドや視点を持つ人々が集まることによって、新たなアイデアや発想が生まれ、イノベーションにつながるからだ。ゲームスタジオでクリエイターのダイバーシティが確保されていることは、世界中のユーザーが楽しめるゲームコンテンツ、さらには、新たな価値を生み出すうえでの大前提だ。

「たとえば、キングコングはハリウッド的な世界観の典型例で、世界の共通認識になっていますよね。それから、笑いの世界にも世界の共通認識があって、同じジョークでみんなが笑う。そうしたセンスは、私たちも大事にしています」

日本独自のセンスを生かす

一方で、ニコラは、世界の人におもしろいと思ってもらえるゲームを大切にしながらも、そこに日本独自のクオリティやクリエイティビティを入れていかなければいけない、と考える。

「ゲームをプレイしたときに感じる、日本製であることを実感できるような、なんともいえない感覚を大事にしたい」

彼は、子どものころに遊んだ日本のゲームが強く印象に残っている。細部までこだわりを持ってつくられた完成度の高い日本のゲーム。だからこそ、彼は日本のゲームに夢中になったのだ。

「日本には、完璧を追求する文化があると思います。日本のゲームソフトには、それが生かされています」

それを体現しているのが、「Ｔｅａｍ ＡＳＯＢＩ」が開発した、ヘッドマウントディスプレイでプレイする「プレイステーションＶＲ」用ゲームの「アストロボット レスキューミッション（ASTRO Bot:RESCUE MISSION）」だ。これまた、アストロくんが登場し、迷子になった仲間のボットを助け出すために旅に出る。

エンジニアは、ＶＲ環境に最適化されたキャラクター操作など、いくつかの技術的ハードルを乗り越え、スムーズで没入感のあるゲーム体験をつくり上げた。

「キャラクターを動かしたときの気持ちよさ、楽しさは、日本のゲームソフトの完成度の高さからきていると思います」

雲の上、水の中、宇宙などの美しい映像が、ＶＲで３６０度に広がる。もはや背景の映像というより空間をつくり出している。そして、その全方向にアクション可能だ。ニコラが「完璧を追求する文化」と大げさに表現するのもうなずけるほど、もはや現実の空間でアストロくんが動き回っているかのように繊細で、なめらかな映像が展開される。

加えて、ニコラは、アニメーションのディテールにも、日本的なものを感じている。

「日本のアニメーションには、あたたかさを感じます。ゲームが魅力的であるためには、アニメーションはとても大事だと思います。また、キャラクターにも日本のタッチが生きています。かたちはシンプルだけど、誰もが愛さずにいられないようなかわいらしいキャラクターは、日本独自のセンスですね」

確かに、アストロくんはロボットだが、丸みを帯びたシェイプや大きな頭、表情、青と白のボディなど、なぜか「かわいらしい」と感じる。

彼は、ゲームを〝おもちゃ〟のように楽しんでほしいと思っている。「アストロボット レスキューミッション」にも、遊び心やサプライズが盛り込まれていて、ゲームをプレイする感覚は、レゴブロックやケンダマなどの元祖〝おもちゃ〟をいじる感覚に近い。安らぎや楽しさがある。

「コントローラーに触れたら、キャラクターがおもしろいリアクションをする。4~5歳の子どもは、これだけで満足できるし、楽しいと思います」

誰もが理解しやすく直感的に遊べるゲームは、「人に近づく」ことを意識しているといっていいだろう。そして、ゲームをプレイすることで「感動」が生まれる。それは、ソニーの経営の方向性とも合致する。

さらにいえば、子どもたちは、遊びを通じて学んだり、感情を表現したり、社会的なスキルを身につけていく。「Ｔｅａｍ ＡＳＯＢＩ」がつくるゲームは、こうした学びの側面も追求している。

楽しいゲームであるためには、五感への刺激も重要だ。視覚や聴覚、触覚などの五感を活用した、よりリアルで没入感のあるゲーム体験だ。

「五感については、見る、聞く、触るまでは到達していて、あとは味覚と嗅覚だといわれています。いつか実現できたらと思います」

ソニーの本質は、遊びにある。創業者の1人である盛田昭夫は、遊び心あふれる大人だった。ソニーを代表する商品である「ウォークマン®」も、「ａｉｂｏ」も、そんな遊び心を具現化した商品だ。ゲーム事業は、遊びの最たる存在である。

「クリエイター」に近づく映画づくり

高島芳和 たかしま・よしかず

ソニー・ピクチャーズ エンタテインメント
テクノロジーデベロップメント部／シニア・バイス・プレジデント
コーポレート・ディスティングイッシュド・エンジニア
(Corporate Distinguished Engineer)
1999年入社

太平洋をはさんで東京とロサンゼルス。
画面越しにオンラインでインタビューをした。
違和感はまったくなかった。
初対面かつオンラインでも相手に気を使わせないのは、
高島さんの人柄だろう。

コンテンツ技術戦略コミッティの役割

２０１０年代後半以降、ソニーの営業利益は右肩上がりである。背景の１つに、ゲーム、音楽、映画というエンタテインメント分野における、技術やコンテンツの相乗効果があげられる。

このエンタテインメント３分野は、ソニーグループとはいえ、ゲームは米カリフォルニア州サンマテオのソニー・インタラクティブエンタテインメント（ＳＩＥ）、音楽は米ニューヨークのソニー・ミュージックグループと東京都千代田区のソニー・ミュージックエンタテインメント（ＳＭＥＪ）、映画は米カリフォルニア州カルバーシティのソニー・ピクチャーズ エンタテインメント（ＳＰＥ）と、事業内容はもとより、本社の場所もバラバラだ。連携や相乗効果をあげるといっても、容易ではない。

では、いったいどうやって連携を図っているのだろうか――。

ソニーには、もともと各分野を横断して技術の相乗効果を生み出すための「技術戦略コミッティ（委員会）」がある。メカ、電気、光学などに関わるエンジニアが集まり、「組織の壁」を乗り越え、最先端の技術情報を共有し、技術力を高める場となっている。また、人材育成の側面も担っている。

技術戦略コミッティは、メカ、情報処理などの技術領域別に11のコミッティがある。このうち「コンテンツ技術戦略コミッティ」を21年の立ち上げ時から主導しているキーメンバーの1人が、高島芳和だ。

高島は、現在SPEのテクノロジーデベロップメント部をシニア・バイス・プレジデントとして率いており、07年からカルバーシティで勤務をしている。同時に、ソニーが技術戦略の策定と推進、人材の成長支援を行う技術者として認定する「コーポレート・ディスティングイッシュド・エンジニア(Corporate Distinguished Engineer)」でもある。認定されているのは、現在、社内に50人弱だ。「コンテンツ技術戦略コミッティ」の仕事は、高島にとってディスティングイッシュド・エンジニアの活動の一環だ。

「数年前までエンタテインメント分野のメンバーはバラバラで、横串で行う活動に参加してきませんでしたが、共通のテーマに興味をもつ優秀な人材を見つけてグループをつくり、次世代の技術や、新しいことを試すためのコミッティをつくったわけです。コンテンツ技術戦略コミッティは、ゲーム、音楽、映画、そして次世代のエンタテインメントまで、試したい技術テーマを応募してチームをつくり、〝予算をつけるので好きなようにやってくれ〟という話です」

高島の説明である。

エンタメ分野とエレクトロニクスやセンサーなどの他のテクノロジーに関わる分野とは、

もともと組織文化がまったく異なる。従来、互いにコミュニケーションを図るシーンもなかった。ところが、昨今、ＡＩやデータ分析、デジタルコンテンツ制作などのテクノロジーの急激な進展は、両分野の壁を消滅させつつある。それに拍車をかけているのが、オンラインコミュニケーションの普及や、通信環境の整備だ。だいいち、先ほど述べたように、ソニーのエンタメ分野の本社は米国がほとんどであるし、エンタメが人間に与える「感動」に、国境はない。日本のアーティストやアニメ作品が国内にとどまらずグローバルに評価される時代になっていることからも、それはわかる。

高島らが主導したコンテンツ技術戦略コミッティは、ゲーム、音楽、映画の分野から10人ほどでスタートしたが、３年後のいまでは１５０人以上の規模に拡大し、ジャンルごとに６つのワーキンググループとサブグループに分かれて活動を行っている。

「エンタメに関する将来の技術を探す活動、映画や他のジャンルのコンテンツをつくってみる活動、社内向けにエンタメについて理解を深めてもらう教育ウェブサイトを立ち上げるなど、それぞれが抱えていた問題意識の解決に向かって動いています」

という。

たとえば、日本のソニーミュージックが悩んでいた「エンタメと技術の融合」という課題は、アメリカのソニー・ピクチャーズも同じ悩みを抱えていたが、日米で異なるアプローチから課題解決に挑んでいた。そうとわかれば、情報を共有することでより効率的に解決策にたどりつけるケースが考えられる。現実に活動してみると、想定以上に効果があったという。

技術で変わる映画制作

コンテンツ技術戦略コミッティの1年目に、何か象徴的な活動をしようということで高島らが取り組んだのが、22年4月に公開したショートフィルム「キリアンズ・ゲーム（KILIAN'S GAME）」だ。同時にメイキング映像も制作され、これら2本はいずれもYouTube（ユーチューブ）のソニーの公式チャンネル上で誰でも見ることができる。ショートフィルムを再生してみよう。

断崖絶壁の曲がりくねった道を上っていくシルバーの車。カメラは上空など、さまざまな角度から、疾走する車を追っていく。そしてたどりつくのは古い洋館だ。車から降りてきたキリアンを女性が出迎え、洋館の中で2人は意味ありげな会話を交わす。日が暮れた後、誰もいなくなった洋館に侵入した2人の日本人らしき怪しい男たちは、何か探し物をしているようだ。去り際に、いらだった男の1人が部屋に火を放つ。炎は床と壁を舐めるように広がっていった……。

一見、サスペンス映画のオープニングのようだ。しかし、このフィルムはいわば、ソニーのテクノロジーのプロモーション動画である。制作には、ソニーのさまざまな最新テクノロジーが活用されているのだ。

まず、冒頭のシーンはソニー製プロフェッショナル向けドローン「Ａｉｒｐｅａｋ（エアピーク）」に最新鋭のミラーレス一眼カメラ「α™（アルファ）」を搭載して撮影したものだ。ドローン飛行中でも、手元の送信機からフォーカスや絞りなどの調整ができ、繊細な動画を撮影できる。

さらに、最大の見せ場は後半だ。男たちが邸宅に火を放つと、広がる炎が闇に美しく浮かび上がる……。

だが、この映像のシーンは、燃え上がる炎が本物ではないばかりか、ロサンゼルスにある邸宅で撮影したものでさえない。タネを明かせば、東京都江東区にあるソニーＰＣＬが運営する「清澄白河ＢＡＳＥ」内に設置されている、「バーチャルプロダクションスタジオ」を利用し、あたかもその場にいるかのように撮影したものだ。

撮影は、東京とロサンゼルスの両拠点で2つのチームが連携し、それぞれの現場映像をリアルタイムで伝送。双方の監督がお互いの撮影手法、照明の状況などを理解、アドバイスしあうことでビジョンを共有し、スタッフや演者が行き来することなく行われた。

まず、ハリウッドにある洋館内の部屋をスキャンし、エピックゲームズ社のゲームエンジン「Ｕｎｒｅａｌ Ｅｎｇｉｎｅ（アンリアルエンジン）」で3ＤＣＧデータに変換。データを日本に送り、「清澄白河ＢＡＳＥ」に設置されているバーチャルプロダクションスタジオで再現する。ソニーが開発した大型ＬＥＤディスプレイのクリスタルＬＥＤ（Crystal LED）Ｂシリーズの大画面に、カメラワークと連動した３ＤＣＧデータを背景映像として表示。ディスプレイに表示された背景と、ディスプレイの前で演じる２人の日本人演者を同時に撮影し、リアルタイムで合成することで、あたかもロサンゼルスの洋館で全シーンを撮影したとしか思えない映像表現を実現した。

別の場所で撮影することで、セットの制作を最小限にできるほか、時間の制約から解放され、スタッフや機材移動のコストも抑えられる。歴史ものやＳＦであっても物理的な制約がなく、天候にも左右されないため計画的な撮影が可能だ。さらに、バーチャルプロダクションにさまざまな３ＤＣＧデータを蓄積していくことで、再利用も可能になるという。

「クリエイターは、基本的には〝安くていい映像が撮れる技術〟を求めます。デジタルを使ってそれが実現するのであれば、当然それを使う。もちろん、アナログのほうがいいものが撮れるなら、そうします」

という。

ちなみに脚本家は、メイキングムービーの中で、「ＬＥＤディスプレイを使うシーンを書く際、技術的な限界がわからず正直遠慮していました。しかし、実際の映像を見てみると、想像をはるかに超えていたので、次からはもっと思いっきり挑戦したいです」と、語っている。

バーチャルプロダクションに限らず、モーションキャプチャー（人やモノの動きをデジタル化する技術）やゲームエンジンの技術の活用は、映画に驚くべきインパクトを与えている。

「以前であれば、撮影から数か月後に仕上がった映像を初めて見て、映画監督が『あれを撮影しておくべきだった』とあとから気がつく……といった事態がありました。しかしいまは、撮影とリアルタイムに近い形でほぼ完成した映像を見ることができる。クリエイターからすれば、確実に安心して撮りたい映像を撮ることができます。こうした技術の活用は、現在も進行形で進化を続けています」

と、高島は解説する。

吉田憲一郎は、グループ全体の経営の方向性としてクリエイターを含む「人に近づく」を掲げている。

しかし、映画事業に関わるメンバーのなかでも、普段、技術に関わる業務を行っているメンバーは、実際に制作の現場に入る機会はほぼない。「クリエイターに近づく」機会が限られている。

「そこで、実際にクリエイターになってみよう、ということになったんです」

と、高島はいう。

高島自身、「キリアンズ・ゲーム」には、エグゼクティブプロデューサーという肩書で、プロダクション全体の責任者として携わった。監督、俳優、カメラマンといったクリエイターに加えて、ロケ地の建物の３Ｄスキャン・３Ｄデータ制作などのデジタル制作でもプロを有償で雇った。一緒に制作に関わるチームメンバーとして、彼らに現場で気になったことや疑問をぶつければ、なんでも教えてくれたし、また、ソニーの製品や技術に対する率直な意見もたくさん聞けた。

「ドローンを使った撮影や、十分な撮影テストができていないカメラなどを、いきなり何百億という予算がつく映画には使えません。ですから、〝試してみたい〟〝やってみたい〟と思う技術を、なんでもすべて、試せるだけ試せる場として、『キリアンズ・ゲーム』に挑戦したんです」

と、高島はいう。

実際、ソニーグループには、エンタメ分野に活用できる技術やアイデアがいくつもあるが、実証実験なしにそれらをいきなり商用映画制作で使うのは困難だ。リスクがある。そこで、自ら実際に映像を制作する機会を設け、新技術の検証を試みたのだ。

今回、バーチャルプロダクションによる撮影を実際にやってみた背景には、新型コロナ禍がある。渡航が制限され、俳優が撮影のために海外に渡ることさえむずかしくなったなかで、スタッフが一堂に会して撮影を進めることは不可能だった。

「準備段階においても、リアルでは会えない。ウェブミーティングを重ね、カメラやセットを調整して撮影に挑みました。監督や売れっ子俳優がその場にいないがために〝撮影できない〟のではなく、リモートで撮影できるとなれば、やれることは一気に増えます。実際に、そういう機会がいまや増えています」

と、高島はいう。

「あなたの会議は楽しくない」発言に衝撃

さて、米国に本社を置くSPEの中で、日本人技術者として活躍している高島は、いったい、何者なのだろうか。

高島は1999年にソニーに入社。大学・大学院では応用物理が専門だったが、入社後のタイミングで人事から物性基礎研究をするか、カスタマー向けの民生分野の開発をするかと尋ねられ、民生分野を希望した。

「性格的に、成果があがるまでに時間がかかる長期の基礎研究は向いていないと思っていました。理論よりも実験装置の設計や制御、データ解析などのほうが楽しくて好きでしたからね」

高島は大学時代、アルバイトでKDDの国際電話交換手を深夜枠で6年間続けていた。入社後、「英語ができます」と、それをウリにした。結果、いきなり英語で交渉をする部署に回された。

　高島の入社当時、１９７０年代から始まったＶＨＳ対ベータを皮切りに、家電メーカーを中心としてメディアフォーマット戦争が繰り広げられていた。その最前線に投げ込まれた。当時発売前で、名前もまだ決まっていなかった「ブルーレイディスク」の規格標準化とライセンス業務、そして録画再生機器から映画ディスクまで幅広い対応製品の商品化に関わる。

　ソニーがその主導権を握っていた関係から、高島は、ミーティングの際、「ソニーはこう決めたから、こうしてください」と、ソニーの意図を説明しながら進めていった。上から目線だ。あるとき、韓国のサムスン社員からこういわれた。

「あなたの会議は楽しくない」

　衝撃を受けた。その人は続けていった。

「そういう進め方をしていると、あとで困りますよ」

　つまり、協力関係が築けなくなり、困りますよというわけだ。高島はその言葉を胸に仕事のスタイルを変えた。いまでは「皆が納得できる形で合意できていれば、対抗フォーマットの方たちと戦うときに一丸となれます」と、いう。

　思えば、この時、信頼関係の構築のプロセスを経験したことが、その後のキャリア形成において役立った。

以後、規格標準化に関わるだけでなく、対外交渉、デジタル放送記録の設計・開発サポート、総務省・一般社団法人電波産業会（ＡＲＩＢ）団体活動、社内講師、労組執行委員としてワークライフバランス分野を担当するなど、多岐にわたる活動に奔走した。社内をまとめながら同時並行で行う社外との調整は、高島にとって貴重な経験になった。当時、一緒にプロジェクトを進めた社内のメンバーはもちろん、パナソニックなど社外のメンバーとも、良い関係が続いているという。

米国に残る道を選択

07年、高島は、米国に赴任し、ＳＰＥを拠点として業務を行った。赴任直前には、第3子を授かったばかりにもかかわらず、年間約4分の1が海外出張で留守という状況だった。出張を減らし、より子育てに時間を割くために、働き方を変える必要性を感じた。

加えて、コンテンツビジネスに携わるには、アメリカに渡ったほうがいいという直感もあった。かつては家電メーカーが力を持つ業界だったが、デジタル化やネットワーク化の進展により、プラットフォームを持つＩＴ企業や、作品のＩＰを持つ映画スタジオなどが影響力を強めていた。彼らの多くが米国に本拠を構えている。

赴任期間終了後、本社からは戻ってくるよう請われたが、高島は米国に残り、ＳＰＥの社員になる道を選んだ。

高島は現在、SPEで15人の技術専門家の集団を率いながら、ソニーグループ内の製品や技術コラボレーション、ソニーのR&D技術の活用および、コンテンツ制作系の技術共有を主導している。また、対外的にはSPEの技術チームの代表として、ハリウッドスタジオや大手配信業者が集う映像業界全体の技術活動に積極的に参加している。

「わかりやすくいえば、映画館、配信、テレビドラマ、映像の制作などにいたるまで、SPEのビジネスに必要な技術を集める仕事なんです。また、ソニーグループ内のミュージック、プレイステーション、エレクトロニクス製品やソリューション、R&Dなど、さまざまな部署とコラボレーションする一方、他社ともたくさん技術協力しているんですね」

たとえば、AIや機械学習といった技術をコンテンツビジネスにいかに応用するか、データ解析やコンテンツ解析の技術のビジネスへの利用をいかに進めるか、また、クラウド・リモート制作技術の評価、新型センサーの映画制作利用の推進など、多岐にわたる。

高島は、もとの専門は応用物理だが、それにこだわらず、ブルーレイ、さらにコンテンツビジネスと、新たな技術や分野について学びながら、自らの居場所を開拓し続けてきた。

近年、技術のライフサイクルが短くなっているといわれる。VHSからDVD、ブルーレイ、ネットワーク配信、そしてストリーミングへと、コンテンツのあり方は変化してきた。今後もあらゆる分野で進むだろう。こうした変化の速い社会のなかで求められるのは、とである。

高島のように、自らの知識と自社の技術をアップデートしながら、最前線を走り続けるこ

高島は、米国でのビジネス経験は16年目になる。高島が率いる部署には、6つの国籍、8つの言語を駆使する15人が働いている。イギリスに4人、インドに1人、残りが米国のカルバーシティだ。ダイバーシティそのものである。

そして、日米間では仕事やキャリアに関する考え方に大きな差があるという。

「米国の社員は、おもしろくない仕事や本人のキャリアアップにならない仕事ばかりをさせていると、すぐ辞めてしまうんです。コンテンツ制作の技術やノウハウを持つ人間は、いまやアマゾンやネットフリックスなど動画コンテンツ配信を手掛ける企業から引く手あまたです。ソニーには『社内募集制度』がありますが、アメリカの場合、国全土が『募集制度』状態なので、いきたいところがあれば、すぐいなくなってしまう」

そこで、チームメンバーの1人ひとりと個人の興味やキャリアについて話す時間を持ち、また、社内外のキーパーソンともコーヒーやランチで1対1の話し合いの場を頻繁に持つ。お互い1人の人間として、不満や希望を聞き出して信頼関係を築いたうえで、参加者皆が納得した形で業務やプロジェクトのメンバーを決めるように心がける。「日本にいた頃には気にしたことのなかったむずかしさがありますね」と語る。

この傾向はいずれ日本にも起きてくると考えていいだろう。

「米国での仕事の場合、自社とか他社とか考えずに、業界のキーパーソンと話をし、やるべきだとなったらウィンウィンの関係で進める、というケースが多くあります。日本だと3〜4年かかりそうなプロジェクトが、これだと数か月でできてしまうスピード感です。これはやりがいですね」

という。

世界の優秀な人材をグループの力に

現在もっとも世界から熱い視線が注がれるコンテンツビジネスの最前線は、VR（仮想現実）やAR（拡張現実）の世界、またそれらの世界を投影した空間をユーザーが訪れることができるLBE（ロケーションベースエンタテインメント）である。

しかし、これらはまだ世界的な規格が定まっておらず、デバイスの性能や価格によってコンテンツをユーザーに届ける品質が変化してしまう。それぞれのデバイスに合わせたチューニングをコンテンツサイドで行うのか、どの再生・体験環境でも使用できる「普通のもの」をつくるのか、方向性が定まるのはこれからだ。現状は、「機器の違いが普及の足かせになっている」状態だと、高島は述べる。

ソニーが注力することを明言しているメタバースについても、まだ規格が定まっていない。また、メタバース内で活動するアバターについても地域によって好みが異なるなど、これから方向性が見えてきそうなものは多い。

「ソニーグループ内で世界中のメンバーが集まって議論をしていて気がついたのですが、アジア圏のユーザーは、アバターがリアルとまったく異なるものであっても問題ないのです。一方、欧米はリアルの世界の自分に似たアバター、すなわちフォトリアルを求めます。そういった多様な文化、好みの調整はむずかしいところです」

変化はまだまだ続いていく。高島も変わり続けなければならない。

「映画、アニメ、ゲーム、音楽、全部好きなので、これからは、これらを一緒に次世代につないでいくような総合的な活動をしたいと思っています。事業は分かれていますが、技術的には、AIやデータ分析がすべてに横断的に影響を与えていく時代です。エンタメの事業の垣根をこえた、総合的なファンへのエンゲージメントを高めていきたい」

1人のファンにとって、ゲームや音楽、映画といったソニー内のエンタテインメント事業の切れ目は関係がない。それをサポートしたいと高島は考える。

そしてもう1つ、高島にはやりたいことがある。

「ソニーグループの11万人のうち、半数は海外にいます。海外には、クリエイターをはじめすばらしい才能ある優秀な人材がたくさんいるのですが、それをグループ全体の力として活用できていないと感じています。メタバースにしても、教育ビジネスにしても、ソニーのなかには、さまざまなバックグラウンドやカルチャーを持つ人がいてダイバーシティがあります。それらをソニー全体の知としてうまくまとめることができれば、ソニーはもっと世界のトップ企業として勝ち上がっていけるのではないかと思うんです。そのきっかけづくりをしたい」

まだ漠然とした夢ではあるが、走りながら考え続ける。多忙を極めるが、自宅から会社はクルマで約8分。在宅勤務をする日もあり、家族と関わる時間も持てている。高校までは熊本の実家で農業を手伝っていたこともあり、休日の楽しみは、家庭菜園だ。

彼にとって、仕事と私生活は地続きかもしれない。私生活においても、ゲームや映画といった最新のコンテンツにつねに触れ、ゲームはわざわざ時間を確保してでも、子どもと対戦するなどプレイに興じる。映画館に映画を観にいくことも少なくない。

型にはまらず、やりがいを求め、オリジナルのポジションを選び、生かし、楽しんで、自由に身軽に、これからも進み続ける。

第2章

新しい世界をつくるテクノロジーの力

ソニーがつくろうとしているのは、誰も見たことがない未来だ。

その未来を支えるのは、センシング、AI、仮想空間の３つのテクノロジー領域である。それらを連動させ、生活、社会、医療、教育といったあらゆる分野に革新的な変化をもたらそうとしている。

テクノロジーを進化させるのは、強烈な個を持つ人材だ。彼らは、多様なバックグラウンドを持ち、高度な専門スキルを備える。その能力を存分に発揮できるよう、会社は柔軟な組織構造で支える。事業を横断したチーム編成、プロジェクトベースの働き方など、既存の枠にとらわれない有機的な結びつきからイノベーションが生まれる。

ソニーの人材の多様性は、テクノロジーにとっても欠かせない強みなのだ。

HCD(人間中心設計)を貫くリケジョ

清田友理香 きよた・ゆりか
ソニーグループ
モビリティ事業部門
2011年入社

日本で理工系に進む女性の割合は、
世界的に見てもまだ少ない。
「リケジョっていっていいですか」と尋ねると、返ってきたのは、
「いいですよ」というよどみない答え。
彼女は誇りを持っている。

人に寄り添うデザインがしたい

彼女は世にいう、〝リケジョ〟である。ソニーグループモビリティ事業部門の清田友理香だ。

彼女の働き方、生き方を追っていくと、ソニーとはいかなる企業なのか、ソニーの〝素顔〟を垣間見ることができる。

兵庫県出身で、大学では物理学を専攻した。クラシックバレエを長く嗜んでいたといい、小柄だが立ち居振る舞いは凛としている。

中高時代から、学園祭などの運営を仕切るのが好きだった。大学で学園祭の実行委員を務めたのをきっかけに、人間を中心に物事を設計する考え方やデザインに興味を持つようになり、それを仕事にしたいと考えるようになった。

近年、家電やスマホ、ウェブ上の操作画面など、何にでも「ユーザビリティ（使いやすさ）」の重要性が指摘されるようになった。しかし当時は、「デザイン思考」「HCD（人間中心設計）」「UX（ユーザーエクスペリエンス＝ユーザー体験）」などの言葉は、日本ではまったくといっていいほど知られていなかった。

就職活動では、メーカーに限らずIT企業なども回り、「人に寄り添うデザイン」に関われそうな職種を探した。しかし、ほとんど見当たらない。あったとしても、工学部出身者しか採用しておらず、物理学専攻の清田は対象外だ。

そんな時、学生向けイベントでソニーの社員に話を聞く機会があった。自分の希望を話した清田に、担当者はいった。

「そういう仕事をする人は増えているよ。これから大事になってくる分野だから、会社に入ってから勉強しながらできると思う」

日本のソニーに「HCD」を持ち帰る

2011年4月、東日本大震災の直後に、清田はソニーに入社した。

最初に配属されたのは、共通ソフトウェアプラットフォームをデザインする部署だった。当時は、デジタルカメラや音楽プレイヤーをPC（パーソナル・コンピュータ）に接続し、写真や音楽を転送するのが主流だった。懐かしい時代である。それらのデバイスをPCに接続した際、PC上で動くソフトウェアが必要になる。これらの開発を一手に引き受ける部署だった。

清田は、ユーザビリティ評価、すなわちソフトウェアの使いやすさの評価を担当した。まさに人に寄り添うデザインの開発に携わることになった。

もっとも、「ＨＣＤ」の考え方自体、社内にあまり浸透しておらず、大学などでその分野を専門に学んだ人もほぼいない。いわばみんな素人だ。清田もその環境の中で、働きながら学んでいった。

共通ソフトウェアプラットフォームの開発は、デジタル化、ネットワーク化、さらにスマホの普及という時代の趨勢の中で、もっとも激しい変化の波をかぶった分野の１つだ。もともとＰＣが中心だったカメラやオーディオなどのソニー製品の利用環境は、その後、インターネットと切っても切れない関係となり、ウェブ上のインターフェースの開発が求められるようになった。スマートフォンの登場によってスマホアプリも必要になり、クラウドとの連携が当たり前になる中で、その対応も求められた。

エンジニアたちは翻弄された。スマホのアプリをつくったことのないメンバーが、いきなり一から学びながらつくるような状態だったのだ。それでも、みんな前向きだった。

「スマホやクラウドへの対応は、『必要なこと』という意識があるし、ユーザーのために『そうあるべき』と感じていたので、前向きに変化にチャレンジするムードでしたね」

と、清田は振り返る。基本的に、ソニーの現場はネアカなのである。

入社４年目の14年、チャンスが訪れた。所属部署が独自に３か月間、エンジニアをアメリカなどに「短期研修」させるプログラムを始めた。「ＨＣＤ」の分野において、日本で学べることはわずかだった。一方、米国は最先端だ。清田はこれに手を挙げた。自分の成長を手助けしてくれるチャンスは逃さない。女性だからという遠慮はまったくない。ソニーでは当たり前のことだ。

「アメリカで一緒に仕事をさせてもらう部署には、『HCD』を専門に学んで修士を卒業したような、専門的な知識を持つ方がいると知っていました。だから、ぜひいきたかったんです」

もっとも、清田は前年に結婚していた。「問題はなかったんですか」と尋ねると、こう答えた。

「夫もソニーで研究開発をしているんです。『いってきてもいい？』『いっておいで』みたいな感じで、送り出してもらいました」

このあたりは、ひと昔前とは感覚が違う。単身米国へ渡って勉強したいという妻と、快く送り出す夫という関係は、昭和の時代には考えられなかった。しかし、清田夫妻にとっては当然の話だった。単身、米国へ向かった。

サンディエゴで3か月間、現地のチームと一緒に仕事をしながら学ぶ。日本で開発した製品は、米国向けであっても現地で使ってもらって検証することはむずかしい。そこで、その部署では、さまざまな国から米国市場向け製品を受け入れ、ユーザーに試してもらったり、検証したりする仕事を行っていた。清田も、一緒に市場調査やユーザー調査、検証を行った。

「日本では、専門の人が少しだけ知っているような知識について、アメリカではどんな方法で調査していて、どういうふうに学べばいいのか。学んだことを持ち帰ってフィードバックしました」

サンディエゴでの経験は、清田自身の仕事内容も変化させた。入社した当時は、できあがった製品のインターフェースについて、使いやすさを確認し、修正する観点が中心だったが、デザインの工程は徐々に上流に遡っていった。つくろうとしている製品の仕様は適切なのか。ソニーの企画としてあるべき製品かなど、デザインする領域が広がっていったのだ。

共働き、共家事、共育児

〝リケジョ〟といっても、女性が企業で働き続ける際、いまもって大きな壁となるのが、出産や子育て、介護といったライフイベントだ。清田は、16年10月に出産後、2年間の育休を取得した。当時、夫も育休を取得した。長い休職も可能だったが、検討した結果、夫には産後1か月間の休暇に加え、必要に応じて育児休暇を使って休んでもらうことにした。

国内の共働き家庭の数は、近年、専業主婦家庭の2倍を超えている。実際、清田のように夫婦がフルタイムで子育てをしながら働くことは、ソニーでは珍しくない。清田にとっても、出産を経ても働き続けることは、ごく当たり前だ。入社当初から、多くの子育て先輩のロールモデルがあった。

「入社したての頃、『子どもが風邪をひいたので有給休暇をとります』というようなメールが朝から送られてくる。仕事って、そういう理由では休みづらいと思い込んでいたので、最初は衝撃的でしたね」

と、語る。

彼女は、復職タイミングの近い社員を集めたイベントに参加した。その際、家族や上司も同席して、講師から働き方や今後のキャリアについて上司と情報共有することの大切さや、上司のサポートの必要性などの助言があった。復職者を孤独にしないためだ。

清田は、10人ほどの開発チームの中で、女性は数人という少数派の環境で働くことが多いという。それでも、「この職種で、かつ女性だからという理由で、不都合を感じたことは一度もないですね」と、さらりという。

国内では、そんな環境の企業はまだ少ないだろう。「ソニーは働きやすいんじゃないですか?」と聞いてみた。

「世の中で話題になることに対して、ソニーのほうがだいぶ先行して取り組んでいる印象ですね」という。

ソニーでは、コロナ禍の前から月に10日のリモートワークが認められていた。清田には、

23年に7歳になった娘がいる。夫婦で10日ずつリモートワークをすれば、1か月間、ほぼ毎日どちらかが自宅で仕事をすることができた。娘が保育園に通っていた間は、在宅勤務をするほうが、園への送迎や夕食の支度を担当した。

朝、保育園に子どもを送った後、帰宅してPCを開き、仕事を始める。たとえば月金は、清田が5時から5時半の間に仕事を終え、子どもを迎えにいって家事育児をする。火木は夫が早く仕事を切り上げるといった具合に、その都度、調整した。夫が家事育児をする日には、清田は在宅残業が可能で、子どもの世話や夕飯は夫に任せることができた。

女性の社会進出が進んだ現在でも、これほど夫婦の家事育児の負担を等分に分ける夫婦は珍しいのではないだろうか。ともにタフな仕事に就きながらも、仕事と家庭を両立できるのは、互いの仕事を尊重しているからだろう。

〝aiboドック〟でUXを高める

清田は近年、社内で2つの業務を掛け持ちしていた。1つは、エンタテインメントロボット「aibo」、ドローン「Airpeak」、EV（電気自動車）「AFEELA（アフィーラ）」（158ページ参照）などを支えるクラウドサービスの開発だ。

もう1つは、クラウド関係やデータ分析の業務である。

モビリティに携わるようになったのは、「興味はありませんか？」と声をかけられたのがきっかけだ。スマートフォンと連携して鍵を開けるときのアプリの表示などのほか、クラウドと連携することで、どのデータをいかに使えば有用か、ユーザーにどんな新しい価値や経験を提供できるのかなどを検討する。ソニーが提供するモビリティとはどんなものであるべきかを考えることは、UXデザインそのものだ。

また、「Airpeak」をリモコンで操縦する際、コントローラーの上にタブレットをセットすれば、画面がそこに表示される。事前にPCで飛行ルートを設計することも可能で、飛行データはクラウドに上げて管理できる。クラウドの入り口となるウェブブラウザのアプリケーションや、クラウド自体のインターフェースにも携わる。ユーザーがより便利に、快適にツールやアプリを使えるよう、デザインを考え抜く。

また「aibo」では、人間ドックさながらの〝aiboドック〟のサービス開始に携わった。ユーザーの気持ちや、おもしろがってもらえる体験を考え、「aibo」の検査項目や検査結果のカルテの仕様を練った。たとえば、「aibo」の「瞳」は「眼科」、「鳴きごえ」は「耳鼻咽喉科」という具合だ。こうした細かい調整や気の利いた工夫が、UXを高めていく。

商品はつくって売って終わりではなくなった。スマートフォンも、「aibo」もクルマも、購入後のアップデートによって機能や価値が向上し、ユーザーとの関係を深めていけるような商品へとシフトしているのだ。その最前線に立ち続けてきた清田は、現在、ソニー・ホンダモビリティで手腕を発揮している。

清田には、子どもを育てながらキャリアアップを目指すという気負いや背伸び、無理をしている感じがない。

「ラッキーなことに、やりたいことがずっとできているので、これからも『人間中心』を1本の軸にしていきたいと思っています。製品の種類にはこだわらず、いろんなものに携わるほうが私は好き。その意味でいまはいろんなことをやっているので、楽しめていますね」

と、微笑んだ。

グランツーリスモで AIを鍛える

河本献太 かわもと・けんた
ソニーリサーチ
Sony AI Tokyo Laboratory
シニアAIエンジニア
1998年入社

ロボットが人と共生するには、
倫理の壁を乗り越える必要がある。
河本さんと話していると、
暮らしの中にロボットが入り込むのは、
そう遠い日のことではないと思えてくる。

「気になる」を大切にする

ＡＩのレーサーが、ｅスポーツのカーレースで人間のトッププレイヤーを破った。チェスや囲碁と同様に、ｅスポーツのカーレースでも、ＡＩが人間に勝った——。

「プレイステーション」向けのドライビングシミュレーター「グランツーリスモ」シリーズで勝利を手にしたのは、ソニーＡＩなどが開発したレーシングＡＩエージェント「グランツーリスモ・ソフィー（ＧＴソフィー）」だ。

「グランツーリスモ」は、世界各地のサーキットやシティコースを収録し、マシンの外観や内装、エンジン特性やサスペンションなどの運動性能、サーキットの路面状況、空気抵抗や摩擦、気温や気圧までが緻密に再現されている。

ソニーＡＩに所属する「ＧＴソフィー」研究開発メンバーの河本献太は、じつは必ずしも勝つことを重視しない。

「人間に勝つことを最優先に考えているわけではない。やっていて楽しいゲームをつくりたいと思っていました。人間に勝つことだけを目指すのは、あまりおもしろくないと思いました」

河本は大学院で航空宇宙工学を修了後、１９９８年にソニーに入社した。

「航空宇宙を修了すると、普通はＪＡＸＡ（宇宙航空研究開発機構）や三菱重工などにいくのですが、僕は、宇宙探査ロボットを研究しながら、このロボットで何か楽しいことがやれるんじゃないかと思っていました」

ロボットといっても、工場の搬送や溶接などに利用される産業ロボットにはあまり心は動かされなかった。ロボットに作業効率を求めるのではなく、さまざまな状況での柔軟な対応力を持たせたいと考えていた。人間の持つ柔軟性、賢さはどこからくるのか、機械と人間の違いはどこにあるのか、どうすれば機械に人間の賢さを持たせられるのか……。

河本は、人間の知性という根源的な問題に興味があった。生活の中に賢いロボットがいたら楽しいだろうなと想像するだけでワクワクした。

調べてみると、ロボットをつくる企業の中で、ソニーだけがぽつんと違うことをやっていた。自律型のエンタテインメントロボットの研究である。彼は、ソニーに関心を寄せたが、当時、学んでいた大学院の航空宇宙工学専攻には、ソニーの推薦枠がなかった。そこで、電話をかけてエントリーシートを取り寄せた。

「エントリーシートには国内営業、海外営業など8つくらい職種の選択肢があったんですが、どれも文系の職種でしたね。どれにも丸をつけずに、欄外に生意気にも、エンタテインメントロボットを開発していた『Ｄ21ラボラトリー』志願と書いたところ、合格し、幸運なことにそこに配属されました」

「D21ラボラトリー」は、いまから30年近く前に立ち上がった「AI×ロボティクス」領域の研究所だ。初代「AIBO」を手掛けた土井利忠が所長を務め、その下には、ソニーのAI・ロボティクス領域の生みの親の1人である藤田雅博がいた。2人の天才技術者を中心に脳科学をロボットに取り入れる研究などをしていた。

河本がやりたかったのは、機械に人間のような柔軟な賢さを持たせることだ。

「人間は、邪魔なものがあればよけて、次からは新しい行動に移る。機械にはそれができない。いつも同じ動作を繰り返して、ただ成功するか失敗するかの2択しかない。どうすれば、機械にそれができるようになるのか。そこがすごく気になるんですよ」

「すごく気になる」――インタビュー中、彼は幾度となく、この言葉を口にした。彼は、「気になる」ものをあえて自分の中に大切に抱え込む。安易に答えを出そうとせず、わからないことをわかろうと努力する。ああでもない、こうでもない……と、時間をかけて思考する。

「わからないことがわかってくるのが、すごくおもしろい。それをリアルな形にして見せて、喜んでくれる人がいるとすれば、それが仕事の楽しさの本質かなと思います」

と、彼は語る。

学習する自律型ロボットを目指す

河本の最初の仕事は、「ＡＩＢＯ」に知能を持たせるための研究だった。その後、ロボット事業を行う組織として２０００年に「エンタテインメントロボットカンパニー」が設立され、「ＡＩＢＯ」がそちらに移管されたため、彼は二足歩行ロボット「Ｑｒｉｏ（キュリオ）」の研究開発に携わるようになった。

「『Ｑｒｉｏ』に丸々関わったことは、僕にとって非常にいい経験になったと思います」

と、河本は振り返る。

「Ｑｒｉｏ」は、畳や絨毯（じゅうたん）、砂利などさまざまな路面を自由に歩いたり、障害物を自律的に回避したりできる。踊るのも上手だ。

河本は、「Ｑｒｉｏ」に顔認識や音声認識技術を搭載し、人とのインタラクションを目指したが、当時の技術では限界があった。

「展示会のデモでうまくいくのは、想定するルール内で行動するようにデザインしているからで、想定外のことが起きるとダメなんですね。たとえば、『Ｑｒｉｏ』が踊っている最中に、誰かが別の部屋でコップを落としてみんながそっちにいってしまっても、『Ｑｒｉｏ』はそのまま誰もいないのに同じ場所で踊り続けたり、踊り終わった後の拍手を待ってしまう。このままの技術では想定外のことを許容できないとがっかりしました。ロボットが想定外の出来事を自分で学習できるようにならなければ、一緒に暮らしていても楽しくないと思いました」

以後、河本は、自ら学習する自律型ロボットの研究に取り組む。「人間の賢さってなんだろう」という疑問が頭から離れなかった。

「人間は、問題を設定することができます。この問題を解いたらおもしろいんじゃないかと自分で思いついて、それを解くために学んだり努力したりする。それって、ものすごく賢いことだと思うんです」

社内的に「Ｑｒｉｏ」の商品化が中止された後も、土井らは、研究開発を行う別会社「ソニー・インテリジェンス・ダイナミクス研究所」をつくり、機械学習の研究開発を続けた。

目指したのは、ロボットが賢く自律的に動く能力の構築だ。機械学習とは、コンピュータに大量のデータを学習させて、データの背景にあるルールやパターンを発見する方法だ。ソニー・インテリジェンス・ダイナミクス研究所が活動を終了した後、河本は、R＆D部門内のシステム技術研究所に配属になり、家事支援ロボットの研究開発に従事した。

「部屋の片づけをしたり、〝ペットボトルを持ってきて〟といったら、持ってきてくれるロボットです」

家事支援という形で、人の役に立つロボットを目指していた。

「本社のR&D部門に戻ったとき、〝生きているようなものをつくれないのか?〟と問われました。確かに、外見をいくら取り繕っても生き物かロボットかはしばらく見ていればすぐわかります。ただ状況に反応するのではなく、意思や目的を持って動かないと、決して生きているようには見えません。生きているもののように考え、行動できる存在をつくりたい。その課題は、いまも抱えています」

レーシングAIエージェントの開発

レーシングAIエージェント「GTソフィー」の初期検討が開始されたのは16年だ。

「シミュレーションで原理を突き詰めていきたいと思いました。そのためのテーマとして立てたのが、『グランツーリスモ』なんですね」

「GTソフィー」の大規模なトレーニングは、20年4月にソニーAIが設立され、「ゲームAI・プロジェクト」が立ち上がると同時にスタートした。狙いは、AIとロボティクスの2分野の技術的ブレークスルーだ。CEOはコンピュータサイエンスやAIの第一人者である北野宏明、COO(最高執行責任者)は自律型ロボットシステムの研究開発において豊富な経験を持つミカエル・シュプランガーである。

河本は、ゲームAI・プロジェクトのリーダーの1人だった。メンバーは30人弱で、そのうち日本人は2人に過ぎなかった。プロジェクト内には速く走ることを学習するチームや、追い抜きなどのスキルを学習するチームなどがあった。チームには決まった組織構造があるわけではなく、解決すべきクリティカルな課題が持ち上がると編成され、解決すれば解散するというように、極めて流動的かつ柔軟だった。

「ほとんど出社することはなく、メンバーとのコミュニケーションはおもにSlack（スラック）やGitHub（ギットハブ）です。時差の関係で夜中にミーティングをすることもあります」

ソニーAI、ソニー・インタラクティブエンタテインメント（SIE）、SIEの子会社ポリフォニー・デジタルの3社からなるチームは、同時並行でシミュレーションと機械学習を繰り返し、AIエージェントの能力向上に取り組んだ。

そもそも人間とAIの対戦は、チェスや碁などのボードゲームにはじまる。1997年、米IBMのコンピュータ「ディープ・ブルー」がチェスの世界王者に勝利し、16年には、英ディープマインドが開発した「アルファ碁」が世界トップ級の棋士を破った。

チェスや碁が、次の一手を時間をかけて考えられるのに対して、「グランツーリスモ」は、ハイスピードなゲームだ。高レベルの運転技術や高度な反射神経が要求される。

「チェスや囲碁と自動車レースでは、求められる技術が異なります。チェスや碁でAIが勝ったとはいっても、それはあくまでも離散的で明確なルールの中でのものです。自動車レースは、相手を抜こうとイメージしたことがそのまま実現するとは限らない。対戦相手の動きにリアルタイムに対応することが必要です。『GTソフィー』に求められたのは、シナリオのない混沌（こんとん）の中で、柔軟に賢く行動することでした」

難易度の高いコースの走行を制御する技術、刻々と変化するレース状況に対する瞬時の意思決定、他のプレイヤーとの巧みな駆け引きをこなす戦術の獲得……。「GTソフィー」に学習させることは、山ほどあった。

ウェブベースの機械学習向け研究開発プラットフォーム「DART（Distributed, Asynchronous Rollouts and Training）」を開発。日米欧の30人弱のチームメンバーが、ネット接続された計1000台以上の「プレイステーション4」を使って、シミュレーションを繰り返した。

「スリップストリームパスなど、攻守の駆け引きを含む戦術の組み立てを行えるまでになり、〝これは、すごい！〟〝強いのができた！〟とみんなで有頂天になっていました」

スリップストリームとは、走行中のマシンの真後ろに発生する空気抵抗が小さいエリアを利用して前走車に接近することをいう。追い上げのための強力な武器だ。

ところが、ポリフォニー・デジタルのテストドライバーと非公式に対戦を行った際に、壁にぶち当たった。1人ずつ走るタイムトライアルでは、人間のラップタイムを上回る速さを見せたが、対人間のレースでは、別の課題が浮上したのだ。

「GTソフィー」は、ほかのレーサーにラインを譲らず、ぶつかることを辞さなかった。コーナーで縁石を越えて無理やり内側から抜き去る行為も見られた。フェアプレイに欠かせないドライビングマナーを十分備えていなかったのだ。

AIに「フェアプレイ」は可能か

「こんな運転はひどい。フェアじゃない」

テストドライバーからは、バッサリ切り捨てられた。

「対戦相手のドライバーからすると、スキルだけが高い、傍若無人で傲慢な運転に見えたでしょうね。この時はまだ、相手に配慮するということはまったくできませんでした」

ただし、この挫折は、「GTソフィー」が賢くなるためには、避けては通れない通過点だった。

「それまで僕らは、マナーが必要だなんて思いもしなかった。だけど、相手に対するリスペクトがないという話になってきて、これはスポーツなんだということに気づいた。ゲームであれば、ルールで明確に禁止されてさえいなければ、勝つために何をやってもよいのですが、スポーツはそれでは成り立たない。それに気づかされたんですね」

果たして、機械にマナーを教えることはできるのだろうか。「GTソフィー」にレースマナーを学習させる「スポーツパーソンシップ」チームが結成された。課題は、フェアプレイのお手本を示すむずかしさだ。

「相手をリスペクトしろといって聞かせるのはムリですし、やってみせることもできない。そうすると、あとは褒める、褒めないしかないわけです」

フェアプレイを身につけるには、レースの微妙なルールやフェアプレイの精神が「GTソフィー」の価値関数の中に学習されている必要がある。使われたのは、「深層学習（ディープラーニング）」と「強化学習」を組み合わせた「深層強化学習」だ。

「お手本なしでAIに最適な行動を自律学習させるために、強化学習の手法を使いました。学習のパラメータやアルゴリズムを変えたさまざまなパターンのAIを何度も何度も走らせて、どれがいちばんよかったか、どこがダメだったか。テストドライバーの方たちに何度もインタビューを繰り返して、それを強化学習のプログラムに落とし込んでいきました。泥臭いエンジニアリングの積み重ねです」

前回よりうまく走れた場合は報酬を与え、壁にぶつかったり、コースを曲がりきれなかったり、対戦相手のクルマとぶつかったりした場合はペナルティを科したのだ。

「レースには勝ったけれども、マナーが悪かったというときは、マナーのペナルティを増やすといった調整を行うのですが、その調整作業は簡単ではありませんでした」

と、河本は振り返る。

河本たちは、ポジティブ（報酬）とネガティブ（罰）の両方のフィードバックを与えるニューラルネットワーク（深層学習）のトレーニングを重ねて試行錯誤させ、期待通りの走りをするように仕向けた。

SIEのクラウドゲーミング・インフラストラクチャーを活用し、何万ものシミュレーションを同時に行った。複数の異なるシチュエーションで同時並行に経験を積みながら学習を進めていった。

また、対戦相手が偏っていると、間違った学習をしてしまうため、対戦相手にはバリエーションを持たせた。たとえば、マナーのよくない相手とばかり対戦していると、極度に臆病な走りを身につけてしまう。

21年7月2日に開催された、「GTソフィー」と世界トップレベルのドライバーとの1回目の公式戦では、スキルとマナーが十分に両立できず、人間のチームに敗北。しかし、深層強化学習によってトレーニングされた「GTソフィー」は成長を遂げ、同年10月21日に開催された2回目の公式戦では、圧倒的な強さを見せた。人間のトップドライバーたちと対等に競争し、凌駕するだけではなかった。リアルタイムのやりとりと洗練された振る舞いを身につけ、激しいバトルシーンにおいても、フェアなプレイを行えるまでになった。

「ＡＩと対戦していることを忘れた。すごく楽しかった」という声が、対戦相手のｅスポーツのドライバーから寄せられた。

ＡＩの進歩とは人間の本質を知ること

河本は、人間の生活に入ってこられるロボットの実現を夢見ている。人間の常識を学んだ、人間との阿吽（あうん）の呼吸を備えたロボットである。

「僕が実現したいのは、機械と人間の心地よいインタラクションです。ゲームを使って、その課題に取り組んでいくことです」

「ＧＴソフィー」は、フェアプレイを学び、人間と一緒に楽しくレースをする術（すべ）を身につけた。それは、ロボットがどこまで人間に近づけるかを考えるうえで、極めて重要なカギを握っていると、彼は考える。

「なぜ、スポーツに心を動かされるのか。フェアプレイと関係があると思うんです。『ＧＴソフィー』がフェアプレイを学んだことは、人間同士、あるいは人とロボットが心地よく暮らすための重要なヒントのような気がするんですね」

「ＧＴソフィー」は、ロボットと人間の関係において、新たな段階にアプローチしたといえるだろう。実際、その技術や成果は、自動運転やドローンにも役立つと期待されている。

つまり、ロボットが人間とともに何かを達成することを目指す。

「機械と人間が心地よくインタラクションする、その追求は人間研究そのものだと思います。ＡＩの技術的進歩とは、結局のところ、人間の本質を知ることだと思います。ＡＩはいまここまでできる、だけど人間はもっとできる。その差を埋めることはできていません」

先にも記したように、河本は、「ロボットが家にいて、生活の一部になったら、さぞかし楽しいだろうな」と思っている。ロボットと人間がともに生活するには、ＡＩが単に分析して情報を出すだけでなく、人間のように良し悪しを判断する価値基準を持ち合わせていなければならない。その意味で、「ＧＴソフィー」の研究は、人間と共存できるロボットをつくるにあたっての避けては通れないステップだといえる。

次の目標は、自ら学習しながら目標を達成するロボットの開発だ。強化学習とディープラーニングでロボットが自律的に学習する仕組みをつくることである。

「機械が自ら学習できるようになってほしい。人が手取り足取り調整しなくても、その調整を自動化することを目指したいですね」

と、河本はいう。

思えば、ＡＩが登場して以来、世の中には楽観論と悲観論が交錯してきた。楽観論者はバラ色の未来を語り、悲観論者は人間の存在を脅かすと不安を口にするが、極端な悲観論は何も生み出さない。たとえば、日本を含む人手不足の国では、ＡＩが希少化する労働力の補強手段になる。恐怖や不安におびえるよりも人と共存するＡＩ搭載型のロボットをつくることが先ではないか。

河本は、機械学習技術によるnon-player characterのゲームＡＩ制御で「Sony Outstanding Engineer Award」を受賞している。ソニーグループにおける研究者個人に与えられる、もっとも価値の高い賞だ。

そんな彼はいったい、どんな日常を送っているのだろうか。

「朝は普通に6時に起きて、夜は普通に寝て……。ごくごく普通の生活ですよ」というが、普通の人と違うのは、いつ何時も何かを考えていることだ。

「いつも考えていますね。お風呂に入りながら、つらつらと考えます。髪の毛を乾かしながらも考えます。つねに考えていますね」

最近、畑仕事を始めた。

「昔は、畑仕事なんて興味がなかったのですが、最近、おもしろいと思うようになりました。自然はすごいなと思いますね。去年はよく育ったのに、今年は同じようにしたつもりでもなんか違うなとか、虫が大量発生したなとか、思っていたことと違うことが起きる。雑草なんていくらやっつけたと思っても、すぐにヒューッと出てくるし。いったいなぜだろうかと考えるのは、底が知れなくておもしろい感じがします。そのときはわからなくても、あとになってわかることもある。そういうのがおもしろいなと思います」

人間の理解が及ばず、思うようにならないのが自然だが、そこが「おもしろい」と、彼はいうのだ。

「おもしろい」――は、河本が研究テーマを見つけるときの糸口である。「おもしろい」と思うからこそ、ユニークで、クリエイティブな研究になる。とことん追究し、突っ込んでいく。河本には、そんな熱い思いと強い意思、けっしてくじけない頑固さがある。

仮想空間の先に
複合現実をつくる

相見 猛 あいみ・たけし
ソニー
インキュベーションセンター
XR事業開発部門 プロダクトマネジメント部
モーション事業 担当部長
2007年入社

虚構と現実が入り混じった世界。
相見さんは、そんな見果てぬ夢を
最新テクノロジーで実現しようとしている。
虚構の世界は、
もはや現実のすぐ隣に存在する。

現実と仮想が混じり合う世界

メタバースは、インターネット上に構築された3次元の仮想空間だ。アバター（分身）を操作して、ライブコンサートやイベントへの参加など、現実世界と同じような体験ができる。ソニーは、現実空間と仮想空間を融合した新たなコミュニティや創造的な体験の場をつくろうとしている。

推進役の1人が、ソニーインキュベーションセンターXR事業開発部門プロダクトマネジメント部モーションン事業担当部長の相見猛である。

「現実空間と仮想空間が当たり前のように混じり合う世界をつくりたい」

と、語る。

ソニーは、VRなどのテクノロジーを活用し、現実空間と仮想空間をシームレスにつなぎ、事業価値を最大化しようとしている。求められるのは、人の動きのアバターへの反映だ。

「人間のコミュニケーションは、身振り手振りを含めた表現が不可欠です。それを仮想空間でも実現するには、人間の動きをデジタル化し、時空間を超えて伝送する必要があります」

ポイントは、「モーションキャプチャー」といわれる技術だ。現実の人やモノの動きをデジタル化してコンピュータに取り込み、CGキャラクターの動きをより人間らしくリアルに再現する。

ソニーのR&D部門は、長年にわたりヒューマンセンシング領域の研究開発をしてきた。小型、省電力、安価な慣性(加速度、ジャイロ)センサーをベースに、センサーフュージョンやディープラーニングを応用し、いまや誰もが使いやすいモーションセンシング技術を完成させている。

相見は、次のように述べる。

「モーションセンシング技術を動かしているのは、ハイスペックなPCです。いろいろと複雑な配線も必要で、自分の家で気軽に使えるようなものではありませんでした」

頭に浮かんだのは、スマートフォンである。

「最新のモバイルプロセッサーでアルゴリズムを最適化すれば、スマホでも十分、動くのではないか」と相見が考えたのは、自身がR&D部門の研究者として長年、モバイル領域に関わってきたからだろう。

彼は、会社でこそPCを使って仕事をしているが、じつは、自宅にはPC環境を備えていない。最先端技術を操る開発者が、自宅にPC環境を備えていないとは驚きだが、いまやそれだけスマホの性能が高いということだろう。

「最近の大学生は、自宅にPCを持っていない人が少なくないと聞きます。PCの使い方がわからないという人もいるくらいです。スマホがみんなのコンピューティングデバイスだといってもいい過ぎではない」

相見には、「デジタルテクノロジーを通常の生活の中に紛れ込ませたい」という思いがある。その意味で、日本人が1人1台持つといわれるスマホは、デジタルテクノロジーを日常生活に取り込む格好のツールで、デジタルライフ実現の早道と考える。

プロトタイプをスマホ上で動かすことに成功したのは、2020年だ。「商品化すれば、これまでにない新たな価値になるのではないか」という。それが「mocopi®（モコピ）」と名付けられたモーションキャプチャーだ。

このあと詳しく触れるが、「mocopi」は、時間や場所の制約を受けずにモーション動画を制作することができる。つまり、誰もが手軽に仮想空間上のコンテンツを制作できるようになる。「mocopi」は、ソニーのテクノロジーを起点とした事業創造の一例といっていい。

シリコンバレーでの学び

相見は、大学で物理学を学んだ。大学院での専門はアルゴリズム研究だ。07年のソニー入社に際して、「ソフトウェアのアルゴリズムのようなコアな技術をやりたい」と訴えたところ、R&D部門のアルゴリズム研究所に配属された。キャリアのスタートは、テレビ「ブラビア」の高画像化エンジンのもとになるアルゴリズムの研究開発だった。

「私が入社した年は、業績は好調でしたが、1~2年して赤字になり、経営危機に陥りました」

翌08年には組織変更があり、相見は新規事業を興す部署に異動した。その後、モバイルインターネットデバイスのソフトウェア開発の担当になり、ソニー独自のモバイルデバイス用OSの開発に従事し、以後10年にわたりモバイル分野に携わった。

入社7年後の14年にシリコンバレーに派遣された。ミッションは、プラットフォーマーとのパートナーシップ強化によるスマートフォンビジネスの推進だ。

IT猛者(もさ)がひしめき、ビジネス習慣も価値観も違うシリコンバレーでの4年間は、相見にとって学びの多い日々だった。

「大きなプラットフォーマーとの間で、技術のみならず、ビジネスのパートナーシップを円滑にするのが仕事でした。ビジネス契約の交渉など、半分は、ビジネスに関することでした」

パートナー企業との連携の中で、大切なのは、相手企業の利便性を第1に考えることだと悟らされた。

「これまでのソニーは、どちらかというと、強者の立場でいることが多かったですが、謙虚にいかないとむずかしいことがわかりました。まず、相手が何をしたいのかをよく聞く。その中で、〝ここが協力できる〟ともっていかないと、シリコンバレーでは話が回らないことを痛感しました」

もう1つの学びは、プラットフォーマーとは、同じ土俵で戦ってはいけないということだ。彼らは、影響力がけた外れだ。真っ向勝負しても勝ち目はない。どうするか。「独自色を出すことだ」と、彼はいう。

「顧客が困っていることに徹底的に耳を傾け、私たちの技術で解決できることは何か、他社との共創を含めて提供できる価値は何かを考えることです」

相見は帰国後、スマートフォンの事業部に戻った。

「mocopi」でVチューバーにアプローチ

00年代に入ると、05年のユーチューブの創業をはじめ、インターネット上に新たな経済圏が誕生した。誰もがデジタルコンテンツを発信し、成功を手にすることができる「クリエイター・エコノミー」が到来したのだ。現に、個人のクリエイターが動画や写真、料理、旅行ログなど、コンテンツを配信して、収入を得ることが可能になった。これは、ソニーにとってビジネスチャンスだ。

「ソニーはこれまで、プロのクリエイターのサポートには力を入れてきましたが、個人のクリエイターにアプローチできていませんでした」

個人のクリエイターが何に困っているかを徹底的に聞き込み、そのうえで自分たちの技術で解決できることに焦点をしぼった。シリコンバレーでの学びの実践だ。

ユーザーとして想定したのが、Vチューバーだ。アバターを使って動画投稿や配信活動を行うクリエイターたちである。Vチューバーは、日本に数万人いるといわれる。チャンネル登録者数100万人以上のVチューバーも珍しくない。

ライブ配信で億単位の〝投げ銭〟を稼ぐ、「ライバー」と呼ばれる人たちもいる。「世界の投げ銭収益ランキングの上位10人のうち、7、8人は日本のVチューバーです」

なかには事務所に所属するVチューバーもいるが、多くはソロで活動している。自身を3D化し、映像編集ソフトに載せて、ユーチューブに配信するという一連の工程を1人でこなす。機材は自分持ちだ。

相見は自ら先頭に立って、Vチューバーの活動現場を訪れ、彼らから徹底的に話を聞いた。インタビューを重ねる中で、「バーチャル上で、もっとしっかりコミュニケーションがしたい」という声が聞こえてきた。

彼らは、アバターの振る舞いを通した視聴者との触れ合いを求めている。動画配信を見て、一緒に笑い、ときには涙することで、気持ちを共有したいと考えている。カギを握るのは、アバターへの没入感だ。それには、自身のパーソナリティーをアバターに忠実に再現する必要がある。

彼らの声をよくよく聞いてみると、表現の質は落としたくないが、機材やソフトに余分なお金はかけたくない、いや、かけられないというジレンマが見えてきた。

自分の分身になって活動するアバターに動きをつけるには、タイツのような全身スーツや多数のマーカーを身につける必要があった。多数のカメラで囲まれた大掛かりなスタジオ設備も必須だった。スタジオを借りれば、数時間で数10万円かかる。駆け出しのクリエイターには大きな出費だ。

費用面の制約から、やむなく創作の幅を狭めるクリエイターもいる。お金がかかる機材を用意できないため、動きに制限が出ることを承知のうえで、泣く泣く２Ｄキャラクターで配信するケースも見られた。

「年に一度だけ、〝誕生祭〟と称して、クラウドファンディングでお金を集めて、３Ｄ配信が可能なライブハウスで限定ライブをするという話も聞きました。そんなクリエイターたちをサポートしたいと思ったんです」

聞き取りを踏まえて設定された「ｍｏｃｏｐｉ」の開発定義は、小型・軽量、シンプル、スタジオレスだ。開発過程にも、クリエイターを巻き込んだ。

23年、「ｍｏｃｏｐｉ」が発売されると、大きな反響を呼んだ。

私も実際にデモンストレーションを見せてもらったが、1個当たり8グラムの6つのセンサーデバイスを頭、手足、腰に装着し、専用アプリをインストールしたスマホと組み合わせれば、簡単にアバター動画が制作できる。少ない数のセンサーで高精細な全身のモーションキャプチャーを実現できるのは、独自のＡＩアルゴリズムを実装しているからだ。また、持ち運びできるため、屋内外どこでも、写真を撮るように手軽に使うことができる。4万9500円（発売当時・ソニーストア販売価格）という手頃な価格も魅力だ。

ソニーが目指すのは、感動体験の場を現実空間から仮想空間へと広げることだ。「ｍｏｃｏｐｉ」は、そのための格好のツールといえる。

アバターで仮想空間に集まる若者たち

仮想空間はすでに、私たちの身近なところに存在している。

一例は、ゲームだ。米エピックゲームズが提供するバトルゲーム「フォートナイト」には複数のモードがあり、「パーティーロイヤル」モードは、ダンスパーティーやミニゲームなどを楽しむための仮想空間だ。20年8月、米津玄師が「フォートナイト」上で楽曲を披露し、話題を呼んだ。「クリエイティブ」モードは、自分の〝島〟を制作するなどして、仲間との交流を楽しめる仮想空間だ。

「フォートナイト」はもはや、バトルを繰り広げるゲーム空間にとどまらず、世界中から膨大なカネと人が集まるプラットフォームと化しているのだ。

「いまの若い人たちは、僕らが放課後、教室でダべっていたのと同じように、『フォートナイト』に集まる。ゲームをするためというより、そこで普通にしゃべったり遊んだりしているんですね。友達に会いたい、遊びたいというのは昔と変わらないけれど、会い方が違ってきている。かつては教室や空き地に集まっていたのが、いまは仮想空間で友達と会っているんです」

ゲームの仮想空間が、現実の世界と同様に、人びとのつながる場として機能しているのだ。

「これからは、アバターと人がより気軽にシンクロするようになると思います」

と、相見はいう。

アバターを使うメリットは、現実世界では出会うことのない交友関係をつくれる点にある。匿名のアバターを使うことで、性別、人種、出身地、職業などをリセットできることから、新しい自分として人と関わることが可能だ。日中は会社で働く人が、帰宅後、アバターに扮(ふん)して仮想空間に遊びにいき、虚構の居酒屋で「フレンド」と呼ばれる仲間と飲み、語り合うといった具合だ。

「仮想空間で性別を入れ替えている人は多いと思います。男性の8割近くが女性姿のアバターを利用しているといわれています」

女性アバターのほうが「かわいい」とちやほやされるし、見る側もそれを求めているのが理由らしい。

仮想空間上には、さまざまなコミュニティが存在する。現実世界でうまくいかない人たち、生きづらさを抱えた人たちにとって、仮想空間上のコミュニティは制約から解き放たれて自由に行動できる世界である。

「地球はそれなりに狭いので、居住空間を拡げようとすると、宇宙にいくしかないとなりますが、それは僕が生きている間には実現できそうもありません。でも、仮想空間に居住空間を拡げるのであれば、いまのテクノロジーで実現可能です。人間が生きる世界を現実空間だけではなく、仮想空間に拡げていけたら、コミュニケーションのあり方はどんどん新しくなっていきます」

仮想空間で他者を疑似体験したところ、相手の立場や気持ちを理解できるようになったという報告もある。すでに教育や医療でアバターを組み込む実験が行われている。

テクノロジーの進化により、仮想空間は現実空間と区別がつかないほどのクオリティを持つようになった。現実空間と仮想空間が当たり前のように混じり合う世界は、すぐそこまできているのだ。

「現実世界を特別視しないほうがいい。現実世界は、たまたま自分が生まれた最初の世界なだけであって、仮想空間と価値は変わらないと思います。僕の知人には、アバター同士で結婚している人もいます。そういうことが現実に起きているんです」

「複合現実」の可能性

相見の到達点は、現実世界と仮想空間のシームレスな融合の先にある。

「仮想空間が現実と重なった空間、それがMR（複合現実）です」という。

相見が管轄しているプロジェクトの1つに、仮想水槽アトラクション「絶滅水槽」がある。AR（拡張現実）グラスを使って、現実世界と仮想世界がミックスされたような体験ができる。現実と仮想が相互にリアルタイムで影響し合う空間を構築する技術が、MRだ。20年9月、福岡市科学館で一般の親子を対象にした体験会が開かれた。

「コンテンツの見せ方の技術として何かおもしろいことができないかなと思ってつくりました。現存するクジラやジンベエザメを見せるのでは、既存の水族館と差別化できないので、現在は見ることができない生物を見せることにしました」

ARグラスを装着すると、まるで自分が古生代の水中にいるかのように、古生物アノマロカリスが泳ぐ様子を観察できる。スマートフォンを使って餌やりもできる。

「スマートフォン上で餌ボタンを押すと、三葉虫が出てきて、アノマロカリスが食べにきてくれます。これは、人間とアノマロカリスそれぞれの世界を座標共有してつくっていきます。アノマロカリスに頭突きすると、ちゃんと避けてくれたりもします。仮想空間は、見るだけではなく、体験したらもっと楽しいし、そこに感動が生まれると思います」

ソニーは、テクノロジーを活用してクリエイターとともに感動コンテンツをつくり、その感動を世界に伝えようとしている。なお、総務省によると、世界のメタバース市場は22年の4６1億ドルから30年に5０78億ドルに成長する見通しだ。

21世紀の石油＝データを活用するDX

小寺 剛 こでら・つよし
ソニーグループ
常務CDO（最高デジタル責任者）兼CIO（最高情報責任者）
デジタル＆テクノロジープラットフォーム担当
1992年入社

小寺さんの趣味は、
3歳で始めたスキーとサンディエゴ赴任中に覚えたサーフィン。
アドレナリンが放出されるのだという。
日本に戻ってからは、
スキーもサーフィンもめったにいけない。
帰りの渋滞が気になるからだ。

ソニーのDXのキーマン

データは、21世紀の新たな石油といわれる。巨大なデータを有効活用し、競争優位を高めるには、DX（デジタル・トランスフォーメーション）の実現が不可欠だ。

DXの実現は、日本企業の競争力を取り戻すことにもつながる。ところが、欧米や韓国に比べ、日本企業のDXは周回遅れだ。じつは、ソニーでさえ、例外ではない。

逆襲を図るソニーのDXにおけるキーマンは、ソニーグループ常務、CDO（最高デジタル責任者）兼CIO（最高情報責任者）を務める小寺剛である――。

小寺のビジネスの原点は、足かけ23年にわたる米国での駐在員生活だ。1992年にソニーに入社、企画管理部を経て、98年に米国ソニー・エレクトロニクスに赴任した。アマゾンやグーグルが創業し、ネットワーク時代のテクノロジーやサービスが席巻し始めたころだ。彼らは当初から、当然のごとくデータを経営に活用していた。GAFA（グーグル、アップル、フェイスブック、アマゾン）が勢いを増す中で、ソニーの事業が次第に苦しくなっていくのを、小寺は現地で実体験する。

「アメリカで長年にわたり働いた経験からいうと、ソニーはデータ活用によるビジネス設計ができているかというと疑問でした。ポテンシャルがあるのにもったいない、もっとやれるんじゃないかと感じていました」

ソニーグループは、①G&NS（ゲーム&ネットワークサービス）、②音楽、③映画、④ET&S（エンタテインメント・テクノロジー&サービス）、⑤I&SS（イメージング&センシング・ソリューション）、⑥金融の主要6事業からなる。過去には、事業間のシナジーが発揮されず、経営効率を押し下げる「コングロマリット・ディスカウント」が指摘された。

事業や組織の壁を越え、データの利活用を進められれば、新たな顧客価値やソニーならではの体験価値を創出できる。求められたのは、多様な事業を抱えるソニーの潜在力を一気に引き出すDXの実践だった。

「10億人」とつながる

「ソニーは現在、世界で約1億6000万人とエンタテインメントの動機でつながっている。これを10億人に広げたい」

ソニーグループ会長 CEOの吉田憲一郎が「10億人」という衝撃的な数字を公にしたのは、2021年5月26日、オンラインで開かれた経営方針説明会の席上である。

壮大なビジョンだ。さすがの小寺も、「10億人」という数字に驚きを隠せなかった。

「これまでの延長線上では到底達成できない数字です。何か新しい化学反応を起こして付加価値や新事業をつくらないといけない。生半可なことでは無理。相当、踏ん張らないとむずかしいと思った」

と、振り返る。

「10億人」のユーザーとつながれば、独自の成長を目指せる。壮大なビジョンは、いい意味でのプレッシャーになった。

じつは同説明会の直前、小寺は吉田から次のようなミッションを与えられた。

「PSN（プレイステーションネットワーク）で得た知見をグループ内で広く活用し、ケイパビリティ（組織能力）を高めてほしい」

どういうことか。PSNは06年、ゲーム機プレイステーション向けにサービスを開始したオンラインサービスだ。ゲームや映画の購入、オンラインマルチプレイ（オンラインで複数ユーザーが同時にプレイすること）のほか、映像配信や音楽配信を楽しみながら友人とチャットができるコミュニティ機能など、SNS的な楽しみ方ができる。PSNの月間アクティブユーザー数は24年3月末時点で、1億1800万人を超える。

小寺は、PSNに10年以上関わり、グループ内の他事業のみならず、音楽配信サービスやサードパーティの企業を巻き込んで、ビジネスを成長させる手法を学んだ。

「PSNでは、映画や音楽の事業と連携してグループ全体が成長できるような関係性ができた。それをワールドワイドに広げてほしいという期待があるのだと思った」

「ソニー・データ・オーシャン」の構築

小寺は19年末、ソニーグループのＤＸの中心的役割を担う「ＤＸフォーラム」を立ち上げた。

「それまでも〝Ｏｎｅ Ｓｏｎｙ〟がいわれ、グループ内のデータ共有やＩＤの共通化の議論はありましたが、クラウド化が進むにつれ、個々の事業が自前でそれらを進めることのムダが明らかになりました。加えて、個々に進めることによるコンプライアンスやセキュリティリスクも課題になっていました」

スタート時のメンバーは、社内の事業会社の社員20人ほどだった。まずは、準備に時間をかけた。課題を洗い出しながら、ビジネスの可能性を討論した。

さまざまな部署から人が集まるため、一堂に会するのは簡単ではない。初めは対面だったがコロナ禍を機にオンラインに移行し、参加のハードルが取り除かれた。「事業の壁、場所の壁、時差の壁を越えられました」と、小寺はいう。

洗い出した課題をもとに、事業会社ごとにデータの定義を統一した。情報や意見を交換し、問題や目的を共有した。具体的な課題解決の検証を行った。

「グループが備える力の総和を大きくするための主役は各事業部門、私たちＤＸフォーラムのチームは各事業部門をサポートするイネイブラー（支援者）、化学反応を起こす触媒であるという姿を描きました」

21年、グループ横断のデータ活用プラットフォーム「ＳＤＯ（ソニー・データ・オーシャン）」を構築した。グループ内のデータを〝データの海〟ともいえる状態にしてクラウドに蓄積し、必要なメンバーがアクセスできるようにした。中央集権化な仕組みではなくデータの民主化を意識した。

「グループ各社が保有するデータをヨコでつなぐイメージです。われわれはデータの〝連邦制〟といっています。ＡＩを活用した分析ツールも実装しました」

共通のデータ環境を整備し、互いのデータの利活用が進むにつれ、事業部間の関係性は成熟していった。結果、「新しいお客さまの見え方があったり、パートナーやクリエイターとの接点の持ち方にも厚みが出てきました」という。

現在のメンバーは、日米トータル４７０人、分科会や現場を含めると、その数はさらに膨らむ。社内のデータアナリスト、ＡＩ技術者、ネットワーク担当者、ソフトウェアエンジニアらに加え、ビジネスを手掛けるメンバーや、コンプライアンスに明るい法務担当者らも主体的に参画する。

「リーダーとしていちばん気を使うのは、オープンな会話の場をつくることです。自分の持ち場を守るための場にしたくはありませんから」

と、小寺はいう。

小寺は、会議に積極的に口をはさむ。誰もが臆することなく話せる環境をつくり、「挙手をする」ボタンを活用して、発言を平等にピックアップする。

議論は毎回、白熱する。各事業体の個別戦略や独立心を尊重しつつ、会議全体の流れのバランスに腐心しながら、自由闊達に深い議論ができるように心がける。

データを生かした施策も出始めている。たとえば、ゲーム、音楽、映画などのコンテンツに、いつ誰が接触したかのデータを収集、分析することで、顧客の趣味嗜好をより深く理解できるようになった。また、蓄積データを「SPIDR（ソニーピクチャーズ・インテグレーテッド・デジタル・レポーティング）」と呼ばれるAI予測モデルで分析し、映画の興行収入を劇場公開前に予測することも可能になった。

「どういうジャンルだったら、どれくらいの興行成績が期待できるかを、AIが予測します。それによって、アプローチを変えていくことができるんですね」

ソニーの映画事業は、多額の広告費用に苦しめられた過去を持つが、「SPIDR」を活用して興行収入を先読みできれば、広告費用に振り回されることはなくなる。

過去の経験や勘に頼るのではなく、データを分析して得られる結果をベースに、意思決定をしていくスタイルである。「データ・ドリブン経営」は、顧客ニーズが多様化する現代において、すばやく精度の高い意思決定を可能にする。過去のしがらみや社内政治から離れ、客観的な分析に基づく意思決定ができるという意味で、社員1人ひとりが自立してクリエイティビティを発揮することをサポートする。

GAFAとは「土俵をずらして」闘う

DXはリカーリングビジネス（継続的に収益をあげるビジネスモデル）とも親和性がある。小寺は、かつての失敗を反省を込めて語る。

「アメリカの販売会社にいたときのことです。お客さまはゲーム、音楽、映画を楽しみたいと思っている。それなのに、自分たちはハードをより多く売ることや、競争に勝つことに意識が向いていたんですね」

リカーリングビジネスへの転換は、「より多く買ってほしい」から「より長く使ってほしい」へのシフトでもある。ここでDXが効いてくる。リカーリングビジネスは、顧客理解が重要だ。買い切りモデルとは異なり、継続利用が求められるからだ。

顧客を知るためのツールとなるのが、ゲーム機やスマートフォン、テレビなどのコネクテッド・デバイスを通してあがってくるデータだ。

「鬼滅の刃」のコンテンツならば、テレビ、映画館の配給チャネル、ゲーム、音楽といった顧客接点から得られたすべてのデータをつなぐと、1人ひとりの顧客の姿がより鮮明に浮かび上がってくる。

ゲームならば、そのゲーム内に登場するアイテムをどのように使ってコンプリートしているか、あるいは途中で離脱してしまっているかもわかる。こうしたデータはサービスの改善やプロモーションなどにも活用できる。ソニーは、単品売り切りのモデルからリカーリングビジネスへと舵を切ったが、データの利活用は、顧客との継続的な関係性の構築と同時に、安定的な収益の確保につながる。

大手IT企業が提供するサービス利用者数は、アルファベット（グーグル検索）の40億人を筆頭に、メタ（フェイスブック）30億人強、テンセント（ウィーチャット）10億人強といわれる。「10億人」をビジョンに掲げるとはいえ、ソニーとの差は大きい。

ただしソニーには、GAFAにないハードウェアがある。加えて、世界有数のエンタメ企業だ。そう話を向けると、「GAFAとは真っ向勝負ではないですね」という言葉が、小寺から返ってきた。GAFAとは顧客とのつながり方が違うというのだ。

「私たちがやろうとしているのは、〝コミュニティ・オブ・インタレスト〟です。ソニーならではのポートフォリオを生かして、人とつながっていきたい」

「コミュニティ・オブ・インタレスト」とは、感動体験や関心を共有する人々のコミュニティを指す。アーティストのYOASOBIのファン、ゲーム「アンチャーテッド」のファン、ミラーレス一眼カメラ「α」のファンなど、共通のインタレストを持つ人々のコミユニティにより深い感動体験を提供するのが、吉田憲一郎がCEO就任以来掲げてきた戦略だ。ソニーが抱えるIPとも密接に関わり、強みを発揮できる。

GAFAの巨大なプラットフォームとは、「土俵をずらした」闘いをするために、戦略家・吉田が練った策である。結果、ソニーにとっては、GAFAもパートナーとなる。

「ソニーの強みは、『人に近づく』をアンカーに各事業がつながっているところです」

と、小寺はいう。

エンタメも重要な社会インフラ

新型コロナウイルスの拡大の最中、いくつかの国の当局からソニーにコンタクトがあった。小寺らは、「教育や医療を止めないために、エンタテインメントは自粛せよ」という要請を警戒した。

ところが、実際は真逆だった。「こんな時だからこそ、絶対にエンタテインメントを止めないでほしい」と、はっきりといわれた。ただし、当時、世界中でインターネットへのアクセスが急増し、パンク寸前だった。そのための協力要請だった。エンタテインメントの社会的意義が再認識された。

ソニーに限らず、エンタテインメント事業を展開する各社は、大きなファイルは分割してダウンロードする形にする、ストリーミングの使用帯域を絞るなど、サービスを止めないための協力を惜しまず実行した。

「人は本来、エンタテインメントを求める。だから、新型コロナ禍においても、エンタテインメントを楽しむための努力が続けられたのだと思う。エンタメもある意味、重要な社会インフラなんです」

と、小寺はいう。

ソニーグループはＤＸを通して顧客とのエンゲージメントを深め、より豊かな感動体験を届けようとしている。それは、「クリエイティビティとテクノロジーの力で、世界を感動で満たす。」というソニーの「Ｐｕｒｐｏｓｅ」そのものである。

クルマの知性を進化させる

川西 泉 かわにし・いずみ

ソニー・ホンダモビリティ 代表取締役 社長 兼 COO
1986年入社

モビリティの未来はどうなるのか。
誰もがその答えを知りたがる。
期待が大きいだけに川西さんに重圧がかかる。
「肩、凝ってますね」とよくいわれるというが、
当人はそれほど重荷には感じていないらしい。
まわりに左右されない芯の強い人だ。

EV「AFEELA」に生成AIを搭載

「ただ単に、エンタテインメントのデバイスとして、クルマをつくる気はないです」

そう明言するのは、ソニー・ホンダモビリティ代表取締役 社長 兼 COOの川西泉だ。

ソニーとホンダが共同出資する「ソニー・ホンダモビリティ」は2025年に新型EVの受注を開始する予定だ。どんなクルマになるのか——。

ソニーが関わるのだから、当然、ゲームや音楽、映画などのエンタテインメントを移動中の車内空間で楽しめるクルマになるだろうと、誰もが思う。が、それは本筋ではないと、川西はいうのだ。

「モバイルに続くメガトレンドはモビリティだと考えています。ソニーのクリエイティビティとテクノロジーを使って、モビリティの再定義にチャレンジします」

と、川西は語っている。

川西が重視するのは、「人に寄り添う」クルマだ。クルマが「知性」を持ち、人とコミュニケーションする仕組みを考えている。

ソニー・ホンダモビリティは24年、開発中のEV「AFEELA（アフィーラ）」に米マイクロソフトの生成AI「アジュール・オープン・AIサービス」を使った対話型機能を実装すると発表した。自動車メーカーはこれまでも音声でエアコン操作や交通情報の取得などができる音声認識機能を搭載してきたが、「ＡＦＥＥＬＡ」に実装される生成ＡＩは、それらを超えるインパクトがある。

生成ＡＩの進化は目覚ましい。チャットＧＰＴの普及後、その自然言語のレベルの高さに驚いた人は少なくないはずだ。対話型生成ＡＩを使った対話機能がクルマに搭載されれば、クルマは自然言語で意思疎通できるモビリティへと進化する。

「生成ＡＩを活用する箇所はかなり多い」

と、川西はいう。

ソニーは、ＡＩやセンサー技術で実績を持ち、ＡＩの実装においては世界のトップランナーだ。「ＡＦＥＥＬＡ」への生成ＡＩの実装に期待がかかる。

「aibo」からモビリティへ

川西は１９８６年のソニー入社以来、ソフト畑を歩んできた、ソニー屈指のソフトウェアエンジニアだ。社内では突出したハードワーカーとしても知られる。

ソニー・コンピュータエンタテインメント（現ソニー・インタラクティブエンタテインメント）に希望を出して出向し、家庭用ゲーム機「プレイステーション」のゲームソフト開発のサポート、ゲーム機本体の開発、ネットワーク対応などに関わった。その後、業務用機器やモバイル、さらには「ａｉｂｏ」の開発などを経て、ソニーグループＡＩロボティクスビジネスグループを率いた。

「ソニーには、ロボット好きが多いです。私自身、ロボットに興味を持ち続けてきました」

ロボットというと、「鉄腕アトム」のような人間の形をしているものを思い浮かべるが、人間の姿に似せたヒューマノイドだけがロボットとは限らない。工場で働く産業ロボットはもちろん、コンピュータプログラムにより自動化されたタスクを実行する「ソフトウェアロボット」もある。その意味で、近年のクルマは、ロボティクス技術の塊だ。

「ソニーはもともと、使う人の気持ちが入り込んでいくような製品をつくってきました。『プレイステーション』も『ａｉｂｏ』も、どれだけ人に近づけるか、どれだけ人に寄り添えるかを意識してつくりました」

ソニーは、初代「ＡＩＢＯ」を発売した99年以降、グループ横断的にＡＩロボティクス領域で研究開発を重ねてきた。21年に商品化したプロフェッショナル向けドローン「Ａｉｒｐｅａｋ」も、ロボティクスの概念で成り立つ。「ａｉｂｏ」も「Ａｉｒｐｅａｋ」も自律して動き、データ処理や解析を行える。さらにクラウドとつながることが可能であり、一面的にはエッジコンピューティングデバイスともいえる。

「自律的なロボットは、周囲を認識し、自分がどうすればいいかを考え、行動に移します。すなわち、認識、思考、行動のサイクルを繰り返しています。まさに『ａｉｂｏ』は、そのサイクルで行動しますし、『Ａ·ｉｒｐｅａｋ』も同じです。モビリティも将来的に自動運転になればそうなるでしょう」

認識、思考、行動をつかさどるのは、ソニーが得意とするセンシングデバイスだ。イメージセンサー（撮像素子）などを通して認識した周囲のデータを、ＡＩが解析、分析し、ロボティクス技術によって、デバイスを行動させる。

ソニーは70年から〝電子の眼〟とされるＣＣＤイメージセンサーの開発に着手。その後、ＣＭＯＳ（シーモス）へ転換し、裏面照射型ＣＭＯＳイメージセンサーや積層型ＣＭＯＳイメージセンサーを商品化し、現在でも技術革新を重ね、業界をリードしている。14年には、車載用へと領域を広げた。車載用ＣＭＯＳイメージセンサーは、ＡＤＡＳ（先進運転支援システム）などの根幹を担う。

「クルマで使うセンサーは、スマホより条件がはるかに厳しい。その厳しい条件の中で使えるセンサーである必要があります。将来の自動運転に耐えうるセンシング技術を達成するにはまだ進化の余地があります」

ＡＩロボティクスビジネスグループのメンバーは16年、「ＡＩ処理をともなった動くものをつくりたい」という思いのもと、ＡＩロボットの開発に着手した。

「ＡＩ処理をともなって動くものは、商品として注目されやすいこともありましたが、これからの社会において意味があるものをつくれるのではないかという判断がありました」

川西は、少子高齢化、人口減少、人手不足といった社会課題の数々に、ＡＩやロボティクスが解決策を提示できると考えていたのだろう。その意味で、ソニーのモビリティへの参入は、自然な流れともいえる。

「ロボットとモビリティは、同じ論理で成り立つ商品であり、サービスといえます」

と、彼はいう。

ＡＩとロボティクス技術、そして高度なセンサー技術を持つソニーにとって、ＥＶ参入は、必然ともいえるのだ。

一目見て「買いたい」と思うクルマ

川西は、「将来は、クルマもスマホのようになる」として、次のように述べる。

「携帯電話がスマートフォンに変わり、人々のライフスタイルが大きく変化しました。アプリなどの処理能力が格段に上がったからです。私はスマートフォンの事業にも携わっていましたから、同じことがクルマでも起きておかしくないと考えていました」

振り返ってみれば、ソニーのウォークマンは、音楽の楽しみ方にイノベーションをもたらした。同様に、「クルマのスマホ化」もまた、移動体験を進化させることになるだろう。「ａｉｂｏ」の開発チームは、18年1月、新しいエンタテインメントロボットを世に送り出し、いよいよ活躍の舞台を、モビリティ、すなわちＥＶへと移していく。

ＥＶの開発にあたっては、オーストリアの自動車受託製造会社マグナ・シュタイヤーと協業した。

「どんなクルマをつくるかという議論を最初にしました。ユースケースとしては、ロボタクシーのような箱ものが良いという意見も出たのですが、四角い箱型ではソニーらしさが出せないのではないかとなったんですね。もともとソニーは、一目見てカッコいいな、ほしいな、買いたいなという商品を手掛けてきたので、そうでなければダメだと思いました」

ソニーのさまざまな部署から集まったエンジニアたちがマグナ・シュタイヤーの本拠地に出張し、協力企業と連携しながら、プラットフォームを一から開発した。

ネットワークによるアップデート、それにともなうセキュリティなど、将来の拡張性に耐えられる能力を最初から考える必要があった。

「ハードとソフトの可能性を十分に感じてもらえるスペックにしていきたい」

デザイン制作には、高品質なレンダリング（コンピュータ上でのデザインの視覚化）やＶＲ技術などが投入された。スピード感をもって開発するため、１つの開発工程を完了させてから次の工程にステップしていく「ウォーターフォール式」と、短期のサイクルで開発とフィードバックを繰り返す「アジャイル式」の両方の開発手法が取り入れられた。

プロジェクトの始動からわずか2年、「VISION-S 01」は、20年1月の「CES（テクノロジー見本市）」で初公開された。超スピード開発である。

川西は、次のように述べる。

「単にコンセプトの発表だけでは、リアリティがありません。実際に動くクルマを見せてこそ、本気度とスピード感が伝えられます。やるからには、サプライズが必要です。ソフトウェア領域など使える要素はすでに持っていましたが、クルマとして成立させるためには、土台が必要です。クルマの土台と付加価値要素をいかにインテグレーションさせるか。そこを考えてつくり込んでいきました」

未来感あふれたシルエットの4ドアクーペには、車載向けCMOSイメージセンサーやToF（Time of Flight）センサーなど40個のセンサーが搭載され、インターネット経由でソフトウェアを更新する「OTA（オーバー・ジ・エア）」の技術も組み込まれた。ネットワーク接続により、車両を継続的に進化させられるほか、ドライブモードや移動経路など、オーナーの好みを日々学習する。

走行テストは、ヨーロッパで行った。川西は、オーストリアなど都市の公道とテストコースを走った。

「ＥＶは加速が違うなと思いましたね。最終的にはテストコースで時速２００キロ近くまで出しました。もともと見せかけのプロトタイプではなくて、走る能力を持ったものをつくりたかった。目標を達成し、自分たちにもできるんだという自信を持ちました」

さらに、５Ｇ対応のリモート運転試験をドイツのテストコースで実施した。ドイツの「ＶＩＳＩＯＮ-Ｓ　０１」を日本から5Ｇネットワークを経由してリモートで動かす実験だ。日本に置いたレーシングコントローラーを遠隔操作して、スムーズな車両操作を実証することができた。

22年1月には、プロトタイプの第2弾「ＶＩＳＩＯＮ-Ｓ　０２」を発表した。

クルマの「知能化」を図る

問題は、試作車と量産車では、安全基準がまったく違うことだ。

「マグナ・シュタイヤーは、製造のノウハウに長けた会社です。法規を守って走ることや安全性を担保することが得意なのは、自動車ＯＥＭしかない。いろいろなところから話をいただきました」

そんな折、現場でホンダとの提携話が持ち上がり、22年9月、ソニー・ホンダモビリティが両社の折半出資で設立された。ＩＴ企業と自動車ＯＥＭという異業種同士の組み合わせである。

ソフトウェアやセンサー技術をソニー、車体の製造やサプライチェーン、品質保証などをホンダが担当する補完関係だ。両社がつくるクルマは、「Software Defined Vehicle（ソフトウェア定義車両＝SDV）」とされるが、ソニーは、SDVの基盤技術であるソフトウエアそのものを担う。

ソフトウェアで定義されるクルマとは、いったいどのようなものになるのか。

「これまでのクルマは、メカ的な要素で構成され、機械的な動きが性能になってきた。クルマの〝体力〟の部分は成長しましたが、〝知性〟の部分はあまり成長しなかった。クルマの進化の方向性は、知能化です。人間の知力に相当するAI的なものにはまだまだ伸びしろがあり、進化のありえる領域です」

ズバリ、クルマの知性を進化させていきたいと、川西はいうのだ。

23年のCESでは、新ブランド「AFEELA」のプロトタイプ第1弾を発表した。特徴は、「Autonomy（自律性）」「Augmentation（拡張性）」「Affinity（親和性）」からなる3つの「A」だ。

「クルマの知能化によって、人とのインタラクティブなコミュニケーションができるようになる。新しい価値をつくっていきたい」

と、川西は抱負を語る。

一例は、フロントグリルに組み込まれたワイドディスプレイ「メディアバー」だ。天気予報や渋滞情報、ドライバーへのメッセージなど、周囲の状況に応じて情報を更新し、まるでクルマが周囲と対話しているかのような体験を提供する。

運転する人の意思を先取りするようなサポートも、「AFEELA」の特徴だ。センサーとAIが状況を理解し、乗るとき、走るとき、降りるときをしっかりアシストする。たとえば、ドライバーが車両に近づくと、センサーやカメラが認識してライトで挨拶、自動でドアが開く。乗車すると自動で認証が完了し、あらかじめ設定した目的地とルートがパノラミックディスプレイ上に表示されるといった設定だ。

運転中は、多数のセンサーが360度をモニタリングし、車両を取り巻く交通状況をチェックし、そこから得られる高精度な情報に基づき、自然かつ最適な運転支援を行う。高精度な運転支援には、画像認識AIが使われている。

行き届いた運転支援を可能にするのは、米クアルコム製の演算処理用半導体「スナップドラゴン」だ。これにより、自動運転を実現するほか、高速通信規格「5G」でクラウドサービスと接続し、ソフトウェアのアップデートやセンシングデータをフル活用した3D表示を可能にする。

「昨今のAI技術の進化を積極的に取り込み、『AFEELA』を知性を持ったモビリティとして育てていきたいと思っています」と、川西は語る。

クルマも〝デジタルガジェット〟

「ＡＦＥＥＬＡ」は、モビリティ開発環境のオープン化にも力を注いでいる。23年10月には、特別イベント「Ｍｅｅｔ ＡＦＥＥＬＡ」を開催し、クリエイターとの対話を行った。

「サービスを広げていくには、１社では限界があります。できるだけオープンなスタンスで臨み、いろいろな人たちに協力してもらいながら、モビリティを形にできたらと考えています」

展開するのは、「ＡＦＥＥＬＡ共創プログラム」だ。「ＡＦＥＥＬＡ」上で動作するアプリケーションやサービスを、自社の知見に閉じることなく社外のクリエイターやディベロッパーとともに開発し、新たなモビリティ体験をつくり上げるのが狙いだ。メディアバーのコンテンツ、車内のダッシュボードに広がるパノラミックディスプレイのテーマ、走行中のｅモーターサウンドの音源などを自由につくることができる。アプリケーションの動作環境は、「Android Automotive OS」を採用する予定だ。

「『ＡＦＥＥＬＡ』をデジタルガジェットとしていじり倒せるような存在にしたい」と、川西は「Ｍｅｅｔ ＡＦＥＥＬＡ」の席上、語った。

川西の頭の中にあるのは、最新の〝デジタルガジェット〟を遊び倒すイメージだ。クリエイターは、川西の発した〝デジタルガジェット〟という言葉に親近感を持ち、創作意欲をかきたてられるに違いない。

「〝ガジェット好き〟な人たちの気持ちに応えていきたい」と、川西はいう。

ソニーは、クリエイターの夢の実現を支えることを創出価値の1つに掲げているが、「AFEELA共創プログラム」はその具体例の1つだ。クリエイターが創造力を発揮できる環境をつくって、彼らをサポートしていく。

川西は、「AFEELA」をつくるにあたって、どんなことを考えているのだろうか。

「子どものころに描いていたSFの世界を原点に考えることは多いですね。SF映画には、現実には存在しないようなかたちのクルマが走っていたりします。クルマが自動でスーッと走っていくようなシーンもあります。クルマの進化は、そういうメッセージをたどっていると思うんです。非現実だったことをどう実現するか。いますぐにはできないにしても、それがだんだんと現実になろうとしているのが、いまだと思います」

ソニー・ホンダモビリティが開発するクルマは、高価格帯商品になるという。クルマの知能化を進めるには、それは承知のうえだ。

「最初は、お手頃の価格にしようという意見もありましたが、自分たちが考える技術をできる限り入れ込んでいくと、結果的にはコストは高くなる。ある程度、パフォーマンスの高いハードウェアを投入していくと、それなりの値段になります。それに高機能、高性能を狙っていかないと、本当の良さも伝わらない。まず、自分たちが実現したいものをお見せしたいですね」

移動空間を「感動をもたらす場」へ

空飛ぶクルマや輸送ドローンが飛び交い、ロボットが人々の暮らしを支える社会が、目前に迫っている。ソニーは、AIロボティクス技術をさらに進化させ、誰もがロボットと共存する社会の実現を目指している。

「クルマは、移動空間に感動をもたらす場になっていくと思います。家の空間とは別のジャンルで、異なる時間が流れる。そこに可能性があるのではないでしょうか」

車内空間は、家のリビングよりもパーソナルな空間だ。その時間が好きだという人も少なくない。音楽や映像の楽しみ方も、家での楽しみ方とは違ってくるはずだ。

「そこで人に寄り添う相棒のような存在になってくれたらと思います」

ウォークマンにしても、プレイステーションにしても、ソニーは、感動をキーワードに商品を提供してきた。クルマもまた、感動をつくり出す空間を目指している。

初めてスマホを手にしたとき、何かおもしろそうなことができそうだとワクワクしたように、クルマもこれまでにない感動を体験できるようになる。その感動は、私たちの想像を超えるものになるに違いない。そして、クルマが日常とつながることで、新たな価値が創造される。たとえば、社会インフラとしての役割だ。

「クルマは、社会インフラの一部に組み込まれていくと思います。社会インフラとしてのモビリティのサービスを最終的なゴールに見据えていくべきだと考えています」

ドローンやロボット、モビリティがリモートでつながり、AIで制御される社会が現実になろうとしている。「CPS（サイバー・フィジカル・システム）」といわれる世界である。吉田憲一郎が、今後の重点領域として「移動空間」をあげたのは、CPSを意識してのことだろう。

CPSとは、実世界のデータを収集してサイバー空間で分析、知識化を行い、創出された情報を活用して社会問題の解決を図るものだ。そのときクルマは、デジタル世界でのシミュレーションを物理空間に反映させるための接点として位置づけられる可能性がある。

テスラはすでに、車両の遠隔アップデートにデジタルツイン（現実の世界から収集したデータを仮想空間上にあたかも双子のように再現する技術）を活用している。クルマに搭載されたセンサーが走行状態や周囲の天候などの情報を収集し、その情報をもとにデジタルツインがつくられる。そこから得られる周辺環境などのデータをもとに、最適な走行ができるよう自動的に遠隔アップデートされる。これまでのクルマが取り残している人たちにとっても、使い勝手のいい移動手段が実現できるに違いない。

「普段の生活の中での移動がもっと快適になるようなものだとか、お年寄りのためのパーソナルモビリティとか、そういったところはまだまだ発展させられる余地はあると思います」

「最終的なゴールは、街づくりとも関係がありますか」と川西に質問すると、「やはり社会インフラの一部に組み込まれていくと思います」という答えが返ってきた。

ソニーがモビリティを開発することの目的は、モビリティそのものではなく、それによって生活や社会の課題を解決したり、新たな価値を生み出したりすることにあるのだろう。

「いま、何合目まできていますか」と聞くと、「それはコメントしづらいですね。まだまだ、これからやることはたくさんあります。まだ、追い込みまでもいっていないですね」という答えだった。

期待が大きいだけに、川西には重圧がかかりそうだ。

「いや、そんなに大変だとは思っていないです。それは、理論的にはできないとは思えないからです。技術的に乗り越えられない壁があるかというと、そんなことはありませんからね」と微笑む。

「ａｉｂｏ」から「ＡＦＥＥＬＡ」へ。川西をはじめとするロボット好きの社員たちは、これまでもＡＩロボティクス分野の可能性を広げてきた。その技術をさらに発展させ、サステナブルな世界の実現を目指す。

第3章

社会を変える新規事業の生まれ方

ソニーには、挑戦者を応援するカルチャーがある。個人レベルのアイデアや研究を評価し、ときに「やってみなよ」と背中を押す。

新規事業は、ソニーの将来の成長エンジンだ。既存事業の進化、拡充と同時に、未来の事業の種を探索し、グループを横断して新たな価値の創造を目指す。

その範囲はとてつもなく広い。AI、ロボティクス、データサービスなどの先端領域にとどまらず、ハードウェアの技術にエンタテインメントの資産を掛け合わせたスポーツビジネス、食や農業、宇宙にも触手を伸ばし、外部パートナーとも協力関係を築く。

未来には、可能性と同時に課題も存在する。次の世代に、いかに安心な社会を届けるか。持続可能な環境をつないでいくか。ソニーは、新規事業を通じて、望ましい地球や人類の姿を追求し続ける。

地球みまもりプラットフォームで世界を守る

桐山沢子 きりやま・さわこ

ソニー
技術開発研究所 ネットワーク & システム技術研究開発部門
通信技術開発部 統括課長
ソニーグループ
リサーチプラットフォーム
Exploratory Deployment Group
プロジェクトリーダー
2009年入社

がむしゃらに仕事をしたことがある。
それがあるときから、
「仕事をするなら楽しくなくちゃ」に変わった。
彼女はいま、心の底から仕事を楽しんでいる。

地球をみまもり、課題を解決する

ソニーのR&Dのミッションは、「我々の文明を進歩させ、この惑星を持続可能にする」——である。2022年、ソニーグループのCTO（最高技術責任者）に就任した北野宏明が定めた。

「私が携わっているのは、『地球みまもりプラットフォーム』に使われている通信技術の分野です。『超広域センシングネットワーク』と呼ばれるソニー独自の通信規格を用いた通信システムの開発を行っています」

そう語るのは、ソニー技術開発研究所ネットワーク&システム技術研究開発部門通信技術開発部統括課長、ソニーグループのリサーチプラットフォーム Exploratory Deployment Groupプロジェクトリーダーの桐山沢子だ。

「地球みまもりプラットフォーム」は、一言でいえば、地球上のあらゆる場所をセンシング可能にする仕組みだ。

温暖化による気候変動や人口増加、海洋の酸性化などのグローバルな課題に、「センシング」「通信」「AI」などのソニーの技術を用いて対応しようというのが、「地球みまもりプラットフォーム」のコンセプトだ。24年現在、複数の実証実験を行っている。

「人に届ける」が原点

桐山は、理工学研究科開放環境科学を専攻し、インターネットと通信を軸に情報工学を学び、09年にソニーに入社した。

「中学生の頃、ソニー製のMDウォークマンを買ってもらい、〝かっこいいな〟と思ったことが強く印象に残っています。できれば、人に商品やサービスを届ける仕事をしたい。楽しく働きたいと考えていました」

内定者懇談会でメンバーと顔を合わせた際、「気が合いそうだな、楽しく働けそうだな」と思った。桐山のアンテナは、「楽しそう」に敏感に反応する。楽しいかどうかが、物事の判断基準になっているのだ。

配属されたデジタルイメージング事業部で、コンシューマー向けの「ハンディカム」「サイバーショット」「α」といったカメラのメディアフォーマット機能、再生機能などのアプリケーションの開発を担当した。

初めて自身が開発に携わったアプリケーションを搭載したカメラが市場に出たとき、桐山は、家電量販店に出かけ、手掛けたカメラが並んでいるところを見て回った。

「サイバーショットだったと記憶しています。店頭で、〝これが私たちがつくったやつだね〟〝お客さんが手に取るんだね〟と眺めていると、すごくうれしかった。担当したのは、搭載されたアプリケーションの小さな1機能にすぎませんが、自らが携わったものが商品としてお客さんに届くということは、大きな喜びでした。家族にも、〝これが、私が携わったカメラだよ〟と自慢しました。コンシューマー向けのものをつくっていたからこその感動ですね。私の仕事の原点です」

桐山はその後、13年に業務用カメラの開発に異動し、ミドルウェアの開発に携わった。映像や音を一緒に保存する際、どの規格に沿ってどう書き込むか、書き込まれたものをどう再生するか、といった部分である。

カメラのソフトウェアの開発は、一般的に大規模な開発になる。多いときには、桐山が所属するプロジェクトチームは数十人ほどにのぼった。

彼女の業務は、パソコンの画面やモノに向かい合い、黙々と取り組む時間が長かった。その中に、やりがいや楽しみを見つけて、経験を重ねていった。大変な仕事が終わると、ときには同僚と飲みにいくこともあった。充実していたし、楽しかった。

エキスパートを目指して専門性を深掘り

分岐点がやってきた。入社7年目の15年、自分に足りないものに気づいたのだ。

「同年代の人が集まる活動に参加したところ、専門性を追求している人が仕事の説明をしているのが、キラキラと輝いて見えました。私は、カメラのソフトウェアについて幅広く経験してきていましたが、〝自分はこの技術領域のエキスパートだ〟といえるものは持っていなかった。そのとき、何か1つに定めて、専門性を深掘りしたいと思ったんです」

ユーザーに直接届く製品の開発に携わることは、もともと桐山にとってソニーの志望動機だった。実際、学ぶことは多く、充実していた。しかし、誤解を恐れずにいえば、カメラのソフトウェア開発は、与えられた仕事だった。より主体的に、自分の関わる仕事を選び、その分野を突き詰めることで、自身の成長を実感してみたかったのだ。

桐山は、「社内募集制度」に手を挙げた。募集は、社内のネットワークで検索可能だ。いくつかの候補の中で、最終的に決めたのは、R&D部門だ。事業部から研究開発職への異動である。大学時代に学んだ通信分野に進もうと腹を決めたのである。

ソニーといえば、家電やエンタメ、半導体といったイメージがある。通信規格といってもピンとこないかもしれないが、じつはソニーの通信の歴史は長い。ソニーの社名はもとは「東京通信工業株式会社」だった。いまも、ソニーの傘下には通信事業のソニーネットワークコミュニケーションズが存在する。多くの通信技術も持っている。

いざ、自分の進む道を決めれば、一直線に進んでいく。ソニーには、こんなタイプが多い。

「事業部からR&Dへ、まったく異なる職種への異動ですよね。〝次のステップへいくぞ〟という気持ちを持っていたので、思い切って動きました」

30歳の決断だった。

R&D部門への異動にあたっては、いくつか候補の研究テーマがあった。

「社会問題、自然災害などに関わるIoTという、新しいテーマに興味を持ちました」

と、桐山はいう。

近年の若者は、社会課題の解決や社会に直接影響を与えられる仕事を好む傾向にある。桐山は、通信という自らの専門分野のフィールドのなかで、社会課題の解決に寄与する分野を選んだ。それがIoT（モノのインターネット）向け低消費電力広域規格「ELTRES™（エルトレス）」だ。

当時のエルトレスは、まだ事業やサービス展開が始まる前の段階で、事業部と一緒になって事業化に向けて動き出そうとしているところだった。

「私が携わったのは、通信の信号処理やアルゴリズムなど、通信規格に関わる部分です」

エルトレスのチップを搭載するデバイスを開発、生産、販売するのはSSS（ソニーセミコンダクタソリューションズ）だ。厚木テクノロジーセンターのメンバーとともに進めていった。

国際宇宙ステーションで地上からの電波を受信

現在、広く社会で使われている無線通信規格には、4G、LTE、Wi-Fi（ワイファイ）、ブルートゥースなどがある。Wi-Fiは、家庭、オフィス、公共の場などで利用され、ワイヤレス、高速通信、複数デバイス同時接続などの特徴がある。ただし、これらの無線通信規格は、コストや消費電力に課題があり、長時間使用がむずかしい。

IoT分野での活用を想定し、その欠点を満たすために生まれた無線通信規格が「LPWA（Low Power Wide Area）」だ。

エルトレスは、このLPWAと呼ばれる無線通信規格に含まれる、ソニーの独自規格だ。特長は、「低消費電力」「長距離安定通信」「高速移動体通信」である。

20ミリワットというごくわずかな送信電力で、見通し100km（送信機と受信機の間に遮蔽物が何もない環境における100km）という長距離を伝送でき、高速移動する車両や列車などの移動体上で安定して通信ができる。以下、彼女の説明である。

「場合によりますが、このレベルの低消費電力は、コイン電池1個で2年、3年といった長期間、データを送信し続けることができます。人がめったに立ち入れない場所にセンサーを設置したとしても、数年間は働き続けてくれるわけです。まさに、『地球みまもり』

にうってつけの規格なんですね」

もっとも、受信局の設置が困難な険しい山岳地帯や、水平線を越える遠く離れた海上においては、地形や波浪により電波が遮られる場合がある。そのため、地上から完全な見通しを確保できる人工衛星の活用が期待されている。

衛星を利用すれば、電源も、通信インフラもない、人力では常時カバーすることがむずかしいエリアからも、一度センサーを設置するだけでデータを集めることができる。

21年12月、ソニーはエルトレスに対応した独自の衛星無線実験装置を、国際宇宙ステーション（ＩＳＳ）日本実験棟「きぼう」の船外実験プラットフォームに設置し、地上のＩｏＴデバイスから送出された電波を同実験装置で受信することに成功した。

ＩＳＳは、上空４００㎞の軌道上を高速移動する。そこで高精度に電波を受信できると実証した意義は大きい。

現在、エルトレスは、移動車両の管理、貯め池や水田の水位監視、街路灯の電力と設置位置情報の管理、放牧牛のトラッキング、物流管理などの幅広い業種で活用されている。

独自通信規格「エルトレス」を使った農業の効率化

22年から北海道大学と共同で進めている小麦の生育センシングは、エルトレスを使った

「地球みまもりプラットフォーム」の一例だ。

小麦は、麦の穂が出る際、的確なタイミングで農薬を散布しないと、「赤かび病」と呼ばれる病気にかかりやすい。しかし、農家の数が減り、高齢化も進むなかで、広大な農地のどこの畑の穂がどれだけ生育しているかを人が監視し続けることはむずかしい。

そこで、農地にセンサーを設置する。畑に設置したセンサーでセンシングするのは、小麦の穂の数、土壌の水分量、平均気温の3つのデータだ。ポイントの1つは、小麦の穂の数である。

「事前に、小麦が出穂した映像をAIに学習させるんです。AI処理機能をセンサーに組み込むことで、センサーは小麦畑でセンシングした画像から出穂している穂の数という数値のデータだけを取り出します。画像のデータは重いですが、数値にすれば約10万分の1のデータ量になり送信しやすくなるんですね」

と、彼女は説明する。

穂の数、土壌の水分量、平均気温の3つのデータをエルトレスで送信し、低軌道衛星に搭載された受信機で受信する。収集したデータの分析結果を農家に伝えることで、農家は農地にいかなくても、農薬を散布する適切な時期を判断できるようになり、大幅な効率化が可能になる。

ちなみに、映像のデータから穂の数だけをセンサー側で判断して抽出できるのは、「I

ＭＸ５００」（292ページ参照）によって、ＣＭＯＳイメージセンサーとＡＩ処理機能を組み合わせられるようになったからである。半導体やＡＩの技術の進化と、通信技術が掛け合わされて初めて、「地球みまもりプラットフォーム」は実現する。

このほか「地球みまもりプラットフォーム」では、海洋環境の検知、森林火災の早期発見、河川の水位の把握による洪水の早期検知などが行われている。ソニーのＲ＆Ｄのミッションの通り、まさに「この惑星を持続可能とする」ための研究開発だ。

失敗は成功に向かう過程

桐山は現在、「地球みまもりプラットフォーム」のセンシングネットワークのプロジェクトリーダーを務めている。23年4月には、チームの所属がソニーグループから、ソニー株式会社へと変更された。ソニーが技術を世に問うていくなかで、エルトレスの開発は、より市場に近く、事業に近いところで開発をしたほうがよいという判断と見ていいだろう。

「私の場合、どの組織に所属しているから何をするという考え方ではなく、〝やりたいこと〟〝やるべきこと〟があって、その目指したいものに向かって働いているんです。そういう人が、ソニーには多いと思います。私はいま、『地球みまもりプラットフォーム』で地球全体をセンシングすることを目指しているので、それができなくなるならば、できる組織を探しますし、主体的にできる場をつくることも、ソニーはできる会社だと思っています」

新型コロナの影響もあって、近年、桐山の周囲でも働き方は一変した。彼女の職場は、東京・大崎にあるが、在宅勤務も多くなった。もっとも効率的に働ける場所で仕事をするのがつねだ。ただ、チャットや文章では伝えきれないニュアンスを伝えるために、口で話し、音声で伝えることは意識して行っていると、桐山はいう。

ズバリ、桐山にとって仕事とは何だろうか。

「1つは〝社会とつながる場〟です。自分の仕事が社会の役に立つとか、ユーザーに喜ばれるということがこれにあたります。

もう1つは、チャレンジです。できなかったことができるようになる、世の中になかった新しいユーザー体験が実現する、地球を守るための取り組みなどは、チャレンジであり、仕事そのものですね。挑戦していれば、必ず成長がついてくると思っています」

明るく笑って答える。成長を志向し、自分の進みたい道を選ぶ強い意思を持つ前向きなタイプだ。

夢を尋ねてみた。

「いまは、『地球みまもりプラットフォーム』を社会に出していくところが、いちばんの夢です。その先はまだ見えていませんが、プロジェクトを通じて得た経験や価値観で、また新しいものを見つけられたらいいなと思っています。決して楽しいことばかりではないですけどね」

自ら選び取った職場で、目標に向かって進むのが、ソニー流の楽しさであるのは間違いない。

最後に、彼女に「失敗談」を聞いてみた。

「毎日失敗しています」

どういうことか。彼女は続ける。

「日々、もっとこう話せばよかった、というような小さな失敗はあります。研究開発についていえば、可能性があると思って頑張ったけれど、いい結果が出ず商品化に至らなかったものもたくさんあり、失敗の連続です。でも、それはその先にある成功にいくための1つの過程なんです。周りの人には失敗だと思われたとしても、私は失敗だとは捉えていません」

小さな失敗を重ねることで、大きな成功へと進んでいく。トライアンドエラーの実践だ。その姿勢は、挑戦を続けるソニーの企業姿勢そのものといえる。

マンチェスター・シティと提携、スポーツをもっとエンタメに

小松正茂 こまつ・まさしげ
ソニーグループ
事業開発プラットフォーム 事業開発部門
コーポレートプロジェクト推進部統括部長
1999 年入社

とにかくエネルギッシュで明るい。
ソニーの「コミュニティ・オブ・インタレスト」の仕掛け人だ。
ストレス解消は、睡眠と散歩だという。

世界的サッカーチームとのパートナーシップ

ソニー再生の〝原点〟は、目白押しの新規事業にある。それも、組織単位ではなく、プロジェクト単位の取り組みである。それらのプロジェクトは「集団」ではなく「個」の集まりだ。仕事は組織でするのではなく、「人」がするものというのが、「ソニーの法則」である。

ここに、名の知れたプロジェクトリーダーがいる。「始めるのは上手だけど、まだ儲けてないよねといわれていますよ」と苦笑する、事業開発プラットフォーム事業開発部門コーポレートプロジェクト推進部統括部長の小松正茂だ。

彼がいま、精力的に取り組んでいるのは、スポーツエンタテインメントビジネスの創造だ。

ご存じのように、スポーツイベントは、新型コロナウイルスの影響により国内外ともに一時は壊滅的な打撃を受けた。密集を避けるため、観戦は中止または入場制限が行われた。スポーツビジネスを支えるのは、放映権とチケット収入、物販だ。チケット収入は激減し、物販も減る一方だった。

「音楽やスポーツなどライブエンタテインメント業界は、無観客のオンライン配信で乗り切ろうとした。でも、やはり何かが足りない。スタジアムにファンが集まることによる熱気や高揚感がなかった。オンライン配信では、それが感じられなかった」

と、小松は語る。

しかしながら、ピンチはチャンスである。試算によると、日本におけるスポーツビジネスの市場規模は、２０２５年には15兆円になると予想されている。スポーツは今日、エンタテインメントの代表的存在である。

ソニーは、ハードの先端技術はもとより、ゲームや音楽、映画の分野でソフト技術を磨いてきた。それらを生かせば、新たなスポーツエンタテインメントを創造できる。

ソニーは20年10月、Ｊリーグの横浜Ｆ・マリノスを運営する横浜マリノス株式会社と、テクノロジー&エンタテインメント分野でパートナーシップに向けた意向確認書を締結した。それは思わぬビジネスへと発展する。

Ｆ・マリノスは、英国のシティ・フットボール・グループの出資を受けていた。世界的に有名なサッカーチーム、マンチェスター・シティ・フットボール・クラブは、同グループの中心的存在だ。その縁が、ソニーとマンチェスター・シティをつないだ。

マンチェスター・シティのファンは世界中に散らばっており、ファン同士のコミュニケーションを求めている。一方のソニーには、昔から〝ソニー・ファン〟がいる。ＡＶ商品をはじめ、ゲーム、音楽など、ファンの熱量は高く、ファンとのコミュニケーション力も抜きん出ている。その意味で、マンチェスター・シティ・ファンをインターネット上に集め、ファンエンゲージメント（ファンとチームとの関係性）を実現するのは得意分野といっていい。

ソニーグループとマンチェスター・シティ・フットボール・クラブは21年11月、オフィシャル・バーチャル・ファンエンゲージメント・パートナーシップ契約を結んだ。

「アニメを考えればわかる通り、コンテンツのファンの熱量は普通のユーザーとは全然違う。範囲は狭いかもしれませんが、ものすごく深い。その層とのつながりをネットワーク上につくれたら、総量ではＧＡＦＡに負けても、深さでは勝てると思っています」

小松は22年、新型コロナ禍にありながら英マンチェスターへ４度、出張した。マンチェスター・シティとの取り組みは、今後のファンエンゲージメントにとって重要だった。

問われるプロジェクトリーダーとしての意思

小松はもともと、エンタテインメント畑の人間ではない。

ソニーは１９８９年、第一種電気通信事業者免許を取得し、通信の世界に新規参入を図った。ブロードバンド時代への対応である。そこで、通信業界の経験者を社外からも募った。それに応募し、新卒で勤めていた通信会社からソニーに移ってきたのが、小松である。

転職組だ。通信会社の通信事業と、ソニーが新規に始めた通信事業では、当然ながら規模が違う。数十人という小所帯で風通しがよく、いろいろなチャレンジをさせてもらった。

小松は入社5年後、ソニーユニバーシティに参加する。広い視野やリーダーシップ、人的ネットワークの形成などを目的としたグローバルリーダーを育成する場だ。エンタテインメント事業を担うグループ会社にも知り合いができ、さらに各分野の多くのエンジニアらともつながった。それが、のちにプロジェクトリーダーを務める際の財産になる。

プロジェクトチームは、有能な人材を集めて結成される。とはいえ、人材の〝寄せ集め〟に変わりはない。ましてや、有能な人材は個が強く、まとまりに欠けるきらいがある。プロジェクトはバラバラになりかねない。つまり、プロジェクト運営のカギは、プロジェクトリーダーの力量にかかっている。

リーダーは、目標をはっきり定めたうえで、メンバー1人ひとりを説得し、存分に能力を発揮させなければならない。デッドラインに向けてスケジュールを管理しながら、問題を解決に導く役割も果たさなければならない。

小松は、もともとプロジェクトリーダーの素質があった。高校時代には剣道部のキャプテン、大学時代にはゼミ長を務めた。

「学生時代から、コミュニケーションをとって、みんなをまとめていくのは得意でした。勝手な発言も出てきますけど、目的と期日をもとに折り合いをつける。そんな経験を積みました」

要するに、先頭に立って引っ張っていくというよりも、人をまとめるのが得意である。加えて、社内横断的な人脈も構築している。プロジェクトリーダーとして、うってつけの人材といえる。

小松が最初に取り組んだプロジェクトは、新規サービスの立ち上げだ。ガラケー時代に有志社員と始めたプロジェクト「うたとも」がそれだ。ソニーユニバーシティで出会ったソニーミュージックの仲間との雑談がキッカケだった。同じ音楽を聴いている人と仲良くなれるサービスを提供できないかな……と盛り上がった。個人レベルのアイデアからのスタートだった。

「同じ歌を聴いている人とは、〝僕も聴いてる〟と、すぐ仲良くなれますよね。コミュニケーションを楽しむツールをつくりたかった」

と、振り返る。ソニーグループ会長CEOの吉田憲一郎が唱える「コミュニティ・オブ・インタレスト」の1つといっていい。

そのころ彼は、ネットワーク技術を開発する部署にいた。プロジェクトの立ち上げに関わるうち、いつの間にか、プロジェクトリーダーに祭り上げられた。事業計画書を書き上げ、予算獲得に奔走した。

当時のソニーの経営状態はよくなかった。新規事業を始めるには厳しい環境だったが、ソニーミュージックに籍を移してプロジェクトを続けた。

「ソニーミュージックのオフィスに１人で引っ越しました。最初はインフラも何もなかった」

不要なサーバーや遊休品をもらって、ワゴンに載せて運んだ。労を惜しまなかった。32歳だった。

プロジェクトの事業決定の最終場面では、「これは、誰が責任をとるんだ」と聞かれた。小松は、ちょっぴり逡巡した。リーダーとは、アサイン（任命）されるものだと思っていた。指名されないのに名乗り出るべきなのか、迷いがあった。すると、「お前は、やれといわないとやらないのか」と詰め寄られた。「いや、僕、やります」と彼は答えた。自分の意思を示し、主体的に仕事を進めていくことを教えられた。

ソニーは、新規プロジェクトを応援する気風が強い。やってみろという雰囲気だ。しかし、それでも、予算を使う以上スタートは簡単ではない。「やる意思をちゃんと態度で示せと、試された。これは、すごい経験になった」と、小松は回想する。

「うたとも」は、約半年でユーザー数１００万人を突破し、13年のサービス終了までに２２０万人のユーザーを獲得するサービスに成長した。

組織の壁を突破しながら進む

次に取り組んだのは、グループ横断プロジェクト「au×Sony〝MUSIC PROJECT〟」だ。ケータイとオーディオ機器を結び、〝着うたフル〟を共有するのが狙いだった。どの会社もそうだが、ソニーにも「組織の壁」はある。それとの闘いを強いられた、手のかかるプロジェクトだった。

ケータイは、ガラケーからスマホに移った。07年のiPhone、翌08年のアンドロイド端末発売以降、スマホは世界的に広がった。ソニーは、危機感を持った。若い世代を中心にスマホで音楽を聴くスタイルが定着していったからだ。スマホにすべてもっていかれるのではないか。事実、スマホへの楽曲のダウンロードは急速に普及した。

小松は当時、グループ戦略部門に所属していた。

「若い人に聞くと、音楽をケータイで聴くだけではなく、CDをレンタルしたり、ウォークマンでもコンポでも聴いている人がいる。また、偶然聴いた曲をすぐ購入して、高音質の音楽専用機器で聴きたい人もいる。だったら、いままでケータイで閉じていた音楽をもっと自由に、もっと高音質で楽しめる仕組みをつくれば、新しいライフスタイルを提案できるのではないかと発想したんです」

小松のコメントだ。

当初は、予算もなければ、開発するエンジニアもいなかった。プロジェクトを進めるにつれ、オーディオ事業本部、技術開発本部、ソニーマーケティング、レーベルゲート、ソニーミュージック、さらにソニー・エリクソンなど、次々と「組織の壁」の突破が求められた。さらに、ソフトウェア部門のスタッフも動かさなければいけない。必要な人材を見つけ、説得し、一本釣りした。開発体制の構築、リソースの獲得、スケジュール管理、ビジネスモデルの構築、マーケティング協業推進など、社内の利害調整に手を焼いた。そのうえ、アライアンス交渉など、苦労が絶えなかった。

プロジェクトは、なかなかＯＫが出なかった。「エンジニアはスケジュール的にむずかしいといっているぞ」と、担当のオーディオ部長は当初、懐疑的だった。一方、面倒が起きると「いまは目立つな。しばらく隠れていろ」と、助言する上司もいた。

「いろんな〝生き残り方〟を教えてもらいました」

と、小松はいう。

積極果敢なチャレンジをおもしろがって応援するのは、ソニーの風土だ。

一度はリソース不足からプロジェクトを終了する方向になったが、小松は、もう一度マネジメントに「やっぱり、やらせてください」と頼み込んだ。結局、エンジニアをはじめ、関係者がサポートしてくれ、プロジェクトは再び動き出した。最終的にはマネジメントも応援してくれた。リーダーとしての心構えや振る舞いを、小松は実践からも学び取っていったのだ。

小松は、〝遊軍〟といわれていた。「機動的に動ける人も大事なんだよな」と、上司からいわれた。

ソニーの創業者の1人、井深大は、「説得工学」を提唱した。彼の造語である。「自分がいいものに気がついたと思ったら、納得するまでやって、上司も納得させなければいけない」というのだ。

プロジェクトも同じだ。小松は、「説得工学」の優れた実践者である。

そして、説得するうえで、「Purpose」の効用を強調する。

「やらなければいけないことは、昔からわかっていたんです。ただ、平井さんの『感動』から吉田さんの『Purpose』まで一貫したメッセージによって、なんとなく思っていたことが言語化されました。これが大きかった。〝ソニーがやるのはこういうことだよね〟と、誰もが腹落ちしたことで、ほかのグループ会社の人とも仕事を進めやすくなりました」

と、語るのだ。

きわどい判定をサポートする審判判定支援サービス

ソニーとマンチェスター・シティの実証実験は、2年以上にわたって続いた。

「新規事業なので、いろいろとトライアンドエラーもありまして」

と、小松は語る。

ウェブ上の3次元の仮想空間にマンチェスター・シティのホームスタジアム「エティハド・スタジアム」を構築し、そこに世界中のファンを集め、ファンと選手、ファン同士のインタラクティブな交流を図る。それが、構想だ。

世界中のマンチェスター・シティのファンのうち、実際にホームスタジアムに足を運べるファンはごく一部だ。しかし、仮想空間、すなわちメタバース上のスタジアムなら、どこからでも集まることができる。

「メタバースは目的ではなくあくまでも手段です。ファンエンゲージメントを高めることをやりたくて、そのためにソニーの技術でできることを考えたらメタバースだった」

と、小松は述べる。だからこそ、メタバースという言葉を使うことに慎重だ。

「われわれは社内では、メタバースという言葉はあまり使っていません。目的はファンコミュニティのコミュニケーション・エンゲージメントです。メタバースのためのメタバースをするつもりはない」

エンタテインメントの楽しみは、人と人とがつながり、体験を共有することだ。リアルのイベントに参加しなくても、ソニーのセンシング技術や映像技術を駆使することで、バーチャルによってそれが可能になる。

11年にソニーグループに加わったホークアイ・イノベーションズが提供する審判判定支援サービスは、サッカーのＶＡＲ（ビデオ・アシスタント・レフェリー）など、さまざまなスポーツの大会における判定で活用されており、90を超える国と地域で５００以上のスタジアムの導入実績がある。

ホークアイの最先端のトラッキングシステム「ＳｋｅｌｅＴＲＡＣＫ」は、選手の骨格情報を推定し、選手の体の向きや重心、動作およびボールの動きなどのトラッキングデータを取得できる。これに、「ＨａｗｋＶＩＳＩＯＮ」と呼ばれるビジュアライゼーション技術を組み合わせることで、リアルタイムに選手のプレイを３Ｄ映像化できる。これは、スポーツエンタテインメントの最高の素材になる。

こうした技術を用いて、自身を投影したアバターを通じ、プレイしている選手の目線など、試合を自由な視点で楽しめるハイライトコンテンツの視聴も可能になる。しかも、世界中のチームのファンとともに、これを楽しめるのだ。

また、試合以外のコンテンツを用意できれば、スポーツの楽しみ方を拡大できる。仮想空間上でファンやクラブ、選手との距離も短縮できる。新たな体験価値を創造し、次世代オンラインファンコミュニティを形成する。ふだん入れない場所を見学するとか、屋根の上から試合を観戦することも技術的には可能だ。スポーツの新たな可能性への挑戦である。

ソニーは、スポーツエンタテインメントビジネスの創出を目指している。マンチェスター・シティ側も、ゲームや音楽、映像の技術を持ち合わせるソニーを高く評価し、期待を寄せる。

「マンチェスター・シティは、ファンエンゲージメントのデータを詳細に分析しています。彼らの知見に学びたい。メタバース上のスタジアムを長時間、みんなで楽しめる空間にし、ほかのクラブとの連携、さらに音楽、アニメといったほかのジャンルとの連携も検討していきます」

と、小松はコメントする。

仮想空間でファンエンゲージメントを高める取り組みは、アイドルグループの握手会やコンサートなど、「コミュニティ・オブ・インタレスト」の拡充につながる。技術を持つソニーだからこそ、実現できる世界である。

仮想空間上のスタジアム構想は、まだ始まったばかりだ。小松は、大きな石と石の間を埋め合わせるようにして両者をつなぎ、プロジェクトを成功に導こうとしている。

部屋を冷やさず、身体を冷やせ「REON」の挑戦

伊藤健二 いとう・けんじ
ソニーサーモテクノロジー株式会社
代表取締役
2006年入社

スタートアップの創出と事業運営を支援する「SSAP」から
新しい会社が誕生した。
REON事業は2024年4月、
ソニーグループの事業室から
ソニーサーモテクノロジーという新会社として事業開始し、
伊藤さんは代表取締役に就いた。
いま、社会課題の解決に目を向ける。

ソニー内にシリコンバレーを

日本は、スタートアップが育たない国だといわれている。その理由は、リスクをとって挑戦する起業家の不足もあるが、それ以上に、応援、出資する投資家の不足、さらにスタートアップを育てあげるエコシステムの未成熟がある。「失われた30年」の元凶の1つである。

ソニーは、やりたいことや新しいことを考えている人のために、スタートアップや新規事業を支えるエコシステムを社内につくった。〝ソニー内シリコンバレー〟の立ち上げだ。

持ち運べるクーラーがほしい

2017年7月の上海。

最高気温は37度を超える日が続き、アスファルト照り返しの影響から都市部の昼間の気温は40度近かった。

「Tシャツではダメだろうな……。せめてジャケットは着てこなくちゃぁ」

その男は、クライアントの上層部から叱責された。

ホテルから、徒歩5分ほどの距離のクライアント企業までジャケットを羽織って歩いてきたが、予想を超える暑さで、Tシャツにはあっという間に汗染みができ、ジャケットも汗でじっとりだ。

到着後、すぐにプレゼンテーションを行わなければならなかった。やむなくジャケットを脱いで対応したのだった。

どうすれば、汗をかかなくて済んだのだろう。そう考えた時、その男の脳内で積乱雲がモクモクと湧き上がるようにアイデアが膨らんでいった。身体の熱処理、すなわち持ち運べるクーラーのようなものがあれば、汗をかかずにジャケットを着てプレゼンができたのではないか……。

アイデアが、像を結んだ。その男とは、新規事業を手掛けていた伊藤健二である。

「よし、つくろう……」

20年に初代モデルが一般発売された「REON POCKET（レオンポケット／冷温のローマ字化による造語）」の起点である。発想の原点は、カメラの放熱技術にあった。

「カメラのハードウェアの設計をしていた時代に、半導体から発生する熱の処理に関心を持って取り組んでいました。〝カメラを放熱させる〟のではなくて、〝人を放熱させる〟ことを考えました。うまくやれば、省エネへの貢献と温度の快適性を両立できると思ったんです」

と、伊藤は語る。

つまり、カメラを冷やすように、人の体表面を冷やそうというのだ。カメラの放熱は、空間を冷やすのは非効率なため本体を直接冷やすが、それと同様に、身体についても、身体が置かれた空間を冷やそうとすれば、大きなエネルギーが必要になる。しかし、体表面を直接、冷やすことができれば、省エネへの貢献と温度の快適性の一石二鳥が実現するではないか。

まだぼんやりとした、体表面を冷やすためのデバイスの実現に向けて、伊藤の「挑戦の物語」は始まった。

「REON POCKET」登場

伊藤が開発したウェアラブルサーモデバイス「REON POCKET」は、本体に接触する体表面を直接冷やしたり、寒い時には逆に温めたりすることができる。

伊藤が持参した、取材当時の最新機種の「REON POCKET 4」を、ためしに装着してみた。専用ネックバンドと組み合わせて首に引っ掛けたり、別売の専用インナーウエアのポケットに入れたりして、首元に装着する。私は、ネックバンドで装着してみた。大きさは、縦117㎜×横55㎜×厚さ23㎜。スマートフォンの面積を少し小さくして厚くしたようなイメージだ。重量は109グラムだが、実際につけてみると重いとは感じない。首筋にピタリとフィットして、装着感はなかなか快適だ。

起動には、スマートフォンにダウンロードした専用のアプリを使う。「COOL」モードで「ON」をタップすると一瞬で冷たくなった。金属の冷たさが、ほてった肌に心地よい。冷やしているのは首の後ろだが、全身の汗が引いていく感触があり、不思議だ。フル充電すれば、上から2つ目の冷却レベルでも継続して約7時間使用可能だという。

接触面の温度はスマホで操作ができ、5段階設定できる。ただし、低温による肌の異常を防ぐために体表面の温度が20度以下にはならない設定になっている。「COOL」から「WARM」モードに切り替えれば、一瞬で温かくなる。冬場に首筋が寒いときや、夏でもクーラーが強過ぎる部屋などで役立つ仕掛けだ。

「REON POCKET 4」は、センシング技術を取り入れ、衣服内の温度環境や行動に合わせた冷却レベルの自動調整機能や、関連デバイスとの連携による冷温の自動切替を実現しているのだ。

内蔵された加速度センサーで、装着者が歩いているのか、止まっているのかを判別。たとえば出勤時、「AUTO」モードにしておけば、歩き始めは冷感を弱めからスタートし、時間とともに冷感が強まる。暑さをもっとも感じる駅到着時間には、冷却力が最大になっているなど、細かな調整を自動で行うことができる。もちろん、手動でコントロールすることも可能だ。

いってみれば、ソニーがウォークマンで音楽を「パーソナル」なものにして外に持ち出したように、クーラーをパーソナルなものにして、外に持ち出したのが「REON POCKET」といっていいだろう。その意味で、じつにソニーらしい商品といえるのだ。

「熱設計」との出合い

伊藤の専門は、半導体である。大学で電気情報系を学んだ後、大学院で先端物質科学研究科量子物質科学を専攻した。

もともとコンシューマー向けの商品に携わりたい思いが強く、就職先はソニーを希望していた。100人超いた大学院生の中で、研究室からの推薦枠でソニーに就職できる人数は限られる。ほかの院生がいくことに決まり、伊藤は別の電機メーカーを選んだ。

「別のメーカーでもコンシューマー向けには携われるのでいいやと思っていきました」

家電の研究所に配属されて2年ほど働いたが、ソニーで働きたい思いはますます強くなり、3年で転職を決める。

「品川インターシティでソニーの面接を受けて、転職しました」

初志貫徹である。

配属されたのは、当時カメラ機器のビジネスを担うデジタルイメージング事業本部だった。同事業本部では、伊藤がソニーに転職した06年にソニー初のハードディスクを搭載したハンディカム「ＤＣＲ-ＳＲ１００」が発売されている。

当時のソニー製のビデオカメラのシェアは高く、いわばドル箱だった。伊藤はそのハードウェア設計を担当した。

デジタルイメージング事業本部でハンディカムのあと、ミラーレス一眼カメラ「α」の１機種を手掛けた。そして、当時伸びていた業務用カメラに移った。

振り返ってみれば、これが、その後、長く付き合うことになる「熱設計」との出合いだった。

「業務用カメラでは、ソニー初の４Ｋカメラの設計のとりまとめを担当しました。当時４Ｋカメラは出たばかりで、画像処理のチップがものすごく〝発熱〟するので、それをいかに逃がすかが問題になっていたんです。どれだけの熱が出るから、どこにチップをレイアウトして、いかに熱を散らすかをシミュレーションを使いながらやっていました」

問題は、カメラに限らず機器から発生する熱をどう処理するか。家電やコンピュータ、自動車など電子機器では重要なポイントの１つである。

熱をうまくコントロールしてコンピュータのパフォーマンスをうまく発揮できる温度に制御することができれば、同じスペックのコンピュータを搭載していても、より処理スピードが上がり、電力消費量が減る。

「熱の処理って、商品力に直結していておもしろいな……」

伊藤は、4K搭載の業務用カメラの設計に取り組みながら、そう感じていた。

新規事業の種を掘り起こす

14年、当時社長の平井一夫の肝いりでスタートしたのが、「SSAP（ソニー・スタートアップ・アクセラレーション・プログラム／当時SAP＝シード・アクセラレーション・プログラム）」である。ソニー社内に眠る新規事業の種を掘り起こし、事業化を目指そうという取り組みだ。スタートアップの創出である。

「SAP」の一環として、年2回の新規事業オーディションを行っていた。14年度でいえば約400件、約1000人の社員から応募があり、数チームが通過してプロジェクト化された。プロジェクトに与えられる期間は3か月だ。その間に成果を上げることができれば、さらに3か月の延長、もしくは事業化、量産化が進められる。求められたのは、スピードである。

特筆すべきは、外部のクラウドファンディングサイトを使った、開発のスピードアップだ。翌15年7月には自社でクラウドファンディングサイト「First Flight（フアースト・フライト)」を立ち上げた。

伊藤は、SAPの立ち上げから間もない14年に、取り組みに参加を始めている。いってみれば、ソニーにおけるスタートアップ育成の草分けだ。

関わったのは、「FES Watch(フェス・ウォッチ)」だ。文字盤やベルト部分を電子ペーパー化し、柄を変えることができる腕時計である。

伊藤は、これの量産化にあたり、設計をマネージするポジションで参加した。さらに、その後、スタートアップアクセラレーション部門のプロトタイピング・アンド・マニュファクチャリングチームの統括課長として、新規事業に特化したプロトタイピングサービスを立ち上げた。

おおよそ100社あまりのスタートアップの支援に携わった。その過程で、伊藤自身も自分で新しいものを立ち上げたいという思いを強くしたのだ。

支援する側から、自ら立ち上げる側へ

さて、冒頭の上海出張から帰ると、さっそく伊藤は、アイデアを形にする作業に取り組んだ。ミイラ取りのミイラではないが、SSAPの通常業務を続けながら、アンダーテーブルで「REON POCKET」のアイデア実現に動き始めた。自らスタートアップ事

業に乗り出したわけだ。

屋外に持ち出せるクーラーとして想定したのは、扇風機ではなく、前述したように体表面を直接冷やす方法である。そのためには半導体のペルチェ素子が最適だと考えた。いまでこそ、ペルチェ素子を使って身体を冷やすデバイスは、さまざまな企業で商品化されているが、当時はその発想はまったくなかった。

「風だと、暖かい空気が入ってきてしまうので、冷たくなるデバイスを考えていました。ペルチェ素子の実績はなかったんですが、常温より冷たくできるデバイスといえば、コンプレッサーのほかにはペルチェ素子の一択しかない。カメラの熱処理をやっていたときから、カメラを冷やすのになんとかペルチェ素子を使えないか……と試みたりしていました。ペルチェ素子で何かを冷やせば涼しくなりそうだというアイデアは、すんなり思いつきました」

ペルチェ素子は、直流電流を流すと片面から熱を吸い上げ、反対側から放出する「ペルチェ効果」という特徴を持つ。平面に並べると、片面が冷えて反対の面が温まる。電流の向きを変えることで、温める面と、冷やす面を入れ替えることができる。また、電圧の強弱によって0・1度刻みで温度の制御が可能だ。

伊藤は、ペルチェ素子の専門家ではなかったが、社内には詳しい人がいた。ソニーには、熱に関係する仕事に携わっている人が集まる会議が、四半期に1回程度の頻度で開かれており、伊藤はそこで、ペルチェ素子の研究をしているR&D担当者に、いろいろと教えてもらった。

伊藤は、２週間から３週間でプロトタイプを制作した。現在の形より、２回りも３回りも大きかったが、原型となるものである。

カメラの事業のときに一緒に仕事をした伊藤陽一に見せると、「ＩｏＴの技術とバッテリーの技術を組み合わせて、もっと小さくしたら、ポータブルのクーラーみたいなものができるんじゃないか」と、彼は語った。

以後、伊藤陽一は、「ＲＥＯＮ ＰＯＣＫＥＴ」のソフトウェアの開発を担う。制御用のプログラムであるファームウェアの開発やアプリの設計を管轄するほか、温度をどうコントロールすれば好みの温度に感じるかといった、ソフトウェアの機能を担当した。

どこを冷やせば涼しいか

デバイスのプロトタイプはすぐにできあがった。問題は、そのデバイスを使って体のどこを冷やすのか。また、冷やすことで、本当に涼しく感じる効果があるのか、といった検証の必要があった。

向かったのは、ある大学の体温調整の専門家の研究室。プロトタイプを持ち込み、上海での経験までさかのぼって商品のコンセプトを説明した。

「おカネは出せませんし、お名前も出せないと思います。でも、一緒にやっていただけませんか」

伊藤らにあるのは、いわば「熱意」だけだ。

「社会的に意義があることだから、やりましょう」

と、教授は二つ返事で引き受けてくれた。

冷やす部位は首元に決まった。首元は、身体の中でももっとも冷感や温感を感じやすい部位の1つだ。腰にもそうした効果があるが、冷やしやすさから見ても、やはり首元がもっとも効果を得られる。後日、研究室から、やはり首元が効果的だという結果があがってきた。

伊藤らは18年、前出の新規事業オーディションに応募した。翌19年1月末、「REON POCKET」のオーディション通過が決まり、同4月、正式にプロジェクト化された。さらに3か月後の7月、クラウドファンディングを開始した。

クラウドファンディングでユーザーニーズを検証したのは、同年7月22日だ。ふたをあけてみると、予想もしない結果が待っていた。わずか6日間で目標額の6600万円を達成したのだ。

クラウドファンディングの出資者に向けては継続的に情報発信やイベントを行った。開発のプロセスを公開し、ユーザーとつながりを持ち、資金を集めたり、販売後もつながりを持ち続ける手法は、最近のマーケティングの潮流だ。従来の家電量販店を通した販売ではない売り方も、ソニーらしい。

20年3月、出資した人たちの手元に商品を届けた。そのわずか4か月後の7月には、ソニーストアと家電量販店で一般販売を開始。2日間で1万台を完売した。以降、毎年春に新しいモデルを発売し、予定台数を完売する状態が続いている。取材当時は半導体の供給不足があって大量生産に至ってはいないが、人気モデルとなっている。

伊藤は24年4月から、新設したソニーサーモテクノロジー株式会社の代表取締役として、REONプロジェクトを率いる。

「スマートフォンのように、『REON POCKET』を世界展開したい」と、伊藤は語る。コンシューマーに限らず、法人向けに、屋外や倉庫内の温度を可視化し温度の最適化などに寄与する新サービスの展開も進める方針だ。

また、夏だけではなく、冬にも使ってもらえるようなマーケティングの工夫や、急なほてりに悩むニーズを汲むなど、新たなサービスへの展開にも取り組む。

伊藤の趣味はキックボクシング。ふだんは、暇さえあればキックボクシングのジムに通うという。「強くなりたい」と笑う。最新のテクノロジーはなんでも試してみるタイプだ。これは仕事柄だろう。

この好奇心こそが、新規事業を立ち上げる人材の原動力、そしてソニーの原動力に違いない。

盛田昭夫の悲願から生まれた金融事業

上鈴木誠司 かみすずき・せいじ

ソニー生命保険
エグゼクティブ ライフプランナー
2009年入社

ソニーには、いわゆる「保険屋」のイメージはない。
上鈴木さんの話を聞くうちに、
アントレプレナーシップを持つ
自律したライフプランナーの働き方は、
いかにもソニーらしいと納得した。

「若者」「バカ者」「よそ者」が世界を変える

「世界を変えるのは若者、バカ者、よそ者――」

ソニー生命の創業メンバーの1人、安藤国威（くにたけ）はあるインタビューでそう語っている。

安藤は1969年にソニーに入社し、79年ソニー・プルデンシャル生命保険株式会社（現ソニー生命）常務、85年同副社長などを経て、2000年にソニー株式会社社長兼CEOに就任した。現在、長野県立大学の理事長を務める。

安藤にいわせると、世間をアッといわせる大改革、イノベーションをやってのけるのは、「若者」「バカ者」「よそ者」の3種類の人間だというのだ。よく知られる言葉ではあるが、安藤は何をいわんとしているのか。

「若者」は、リスクを恐れず突っ走る。アントレプレナーは、たいてい若者だ。「バカ者」は、時代を変える狂気（クレージーさ）を備える。企業の創業者にそのタイプが多い。アップルの創業者スティーブ・ジョブズは、スタンフォード大学の卒業式の講演で、最後に学生に「Stay foolish」と訴えた。では、「よそ者」はどうか。業界の掟や常識に無知、あるいは、それらを無視して挑戦する新規参入者をいうのだ。

盛田昭夫の夢だった金融事業

ソニーグループのなかでも異彩を放つ存在が、ソニーフィナンシャルグループ（ソニーFG）だ。

ソニーFGは、ソニー生命、ソニー損保、ソニー銀行、介護事業、ベンチャーキャピタルからなる金融事業グループだ。なかでももっとも大きいのがソニー生命である。

じつは、ソニーが自前の金融事業を持つことは、創業者の1人、盛田昭夫の夢だった。以下、簡単に経緯を振り返ってみよう。

盛田が、金融事業を自前で持ちたいと初めて思ったのは、50年代後半にまでさかのぼる。当時、盛田はトランジスタラジオを携えて米国に渡り、ソニーの販売拠点をつくることに奔走していた。その途上で、米国最大の生命保険会社プルデンシャル生命保険の自社ビルを目にする。

「いつかわれわれも銀行か生命保険を持って、あんなビルを建てたいものだ」（『ソニー創立50周年記念誌「GENRYU源流」』ソニー広報センター刊）とある。

盛田は、ソニーを大きく成長させるためには、2つのことが必要だと考えていた。1つは、ハードウェアだけでなく、ソフトウェア事業を手掛ける。もう1つは、資金調達と企業としての信用を保っていくため、自前で金融機関を持つ。長期経営構想である。

その実現に向けて具体的に動き出したのは、70年代前半だ。旧知の間柄だったプルデンシャル社の会長に対し、盛田は、「日本で生命保険ビジネスをやるなら手伝う」と持ちかける。それを機に、ソニーとプルデンシャル社は76年、後の「ソニー・プルデンシャル生命保険」の設立準備に着手した。ソニーにしてみれば、異業種からの金融事業への進出である。

ところが当時、日本は「護送船団方式」すなわち保護政策下にあった。日本の保険業界は、アメリカの保険会社の新規参入を〝黒船襲来〟と警戒した。3年半の間、認可は当局によって棚ざらしになった。

「いっそのこと、若い世代に任せたらどうか……」と、プルデンシャルから提案があった。冒頭で触れたように、世界を変える「3者」のうち、若者のバイタリティに賭けようというわけだ。

そのとき、ソニーアメリカのマーケティングスタッフとして、ニューヨークに駐在していた前出の若手の安藤国威に、保険業界参入プロジェクトリーダーの白羽の矢が立った。

安藤は、その話を断った。

すると、盛田はこういった。

「You have nothing to lose（君、失うものは何もないじゃないか）」

そして、「金融はすごいぞ。金融の第一人者になれるぞ。挑戦したらどうか」と説得した。

かくして、安藤は4代目プロジェクトリーダーに就いた。すると、なぜか、たった半年間で大蔵省から免許が下りたのだ。

ライフプランナーとしてのキャリアの始まり

「お客さまの経済的な安定を守る、責任のある仕事ですから、中途半端な提案はできません。お客さまから、〝あなただから入った〟〝あなたがいてくれて我が家は助かっている〟といっていただける。その関係を、ずっと続けていけるのは、異動や転勤がないソニー生命のライフプランナーのいいところですね」

そう語るのは、ソニー生命のライフプランナー、上鈴木誠司だ。

上鈴木がソニー生命に入社したのは、09年だ。ソニー生命のライフプランナーは、そのほとんどがキャリア採用だが、上鈴木もその1人である。転職組だ。

前職は、「生活協同組合コープとうきょう（現コープみらい）」だ。01年に大学を卒業し、就職。配達ドライバーとして、東京都内の江東、江戸川、墨田、足立区といった下町を回った。現在のように、ネット通販が浸透する以前の話だ。食品や日用品の宅配事業はコープの独壇場といってよく、多い日は70軒から80軒に配達した。その後、マネージャー業務を経験する。上鈴木にとって、配達の現場は楽しく充実していたが、流通部門は、なにぶん、移動が多く体力的に過酷な面もあった。

社内で保険センターへの転籍の募集があったのを機に、上鈴木は一念発起し、ファイナンシャル・プランナーの国家資格を取得する。その資格を生かす形で、保険センターに転籍した。その後、さらにファイナンシャル・プランナーとしてキャリアを重ねる道を選び、転職を決意する。

悩んだ末、最終的に選んだのが、ソニー生命の専属として働くライフプランナーの道だった。

従来、日本では保険の営業員といえば「生保レディ」と呼ばれた、女性が当たり前だった。ところが、ソニー生命は、プロフェッショナルの営業社員として男性の採用を提案した。

「人のやらないことをやる」というソニースピリットを原動力に、既存の金融機関が満たしきれていないニーズに応える新しいビジネスモデルで、業界の常識に挑む。保険業に無知な「よそ者」だからこそ、実現したといえる。プラスもう1点、ライフプランナーをはじめ、社員の多くが、「若者」だったことが大きい。

生命保険以外の分野で実績のある人材をスカウト採用し、金融・財務の高度な知識を持つプロフェッショナルなライフプランナーとして育て、質の高い保険の販売を目指した。「ニードセールス」と呼ばれるコンサルティング型の営業だ。顧客の資産や収入状況、家族構成や将来のプランなどを確認し、顧客の意思を尊重しながら、顧客の必要性に応じて最適なプランを提案するスタイルである。

18年の経営方針説明会で、当時社長の吉田憲一郎は、「ライフプランナーによる生命保険の営業活動は、ソニーのDTC（ダイレクト・トゥー・コンシューマー）の起源だと思います」と語っている。ソニーが個人の顧客と直接つながるビジネスは、ソニー生命から始まったのだ。

優秀なライフプランナーは、貢献度が報酬に反映されるという報酬体系のもと、高収入を得る。さらに、必要経費を自己負担する形で、「起業家精神」を持って仕事を進めていく。

生保レディが決まった保険商品を売りにくる、という従来の保険のイメージとはまったく異なるのだ。

お客さまの経済的安定を支えたい

上鈴木は、新宿ライフプランナーセンターに採用された。

「私はすでにファイナンシャル・プランナーの資格をもっていましたし、営業経験がありました。それから、当時2歳と0歳の子どもがいたんです。ソニー生命は30代の子育て世代がメインターゲットです。同じ境遇のライフプランナーの採用を強化していたので採用されたのだと思います」

と、上鈴木は謙遜する。

入社後は、1か月間にわたってみっちりと研修を受けた。研修が終わると、すぐに現場に出ることになる。

現在の研修は当時よりさらに充実していて、1・5か月かかるという。ライフプランナーとして独り立ちしたあとも、必須の研修が複数あるほか、さまざまなテーマの研修を選択して、オンラインなどで受講可能だ。知識やスキルを身につける機会は、専属のライフプランナーだからこそ存分に提供されるのだ。

保険に限ったことではないが、営業で重要なのは、顧客からの信頼を得ることだ。その意味で、ソニー生命の場合、「ソニー」ブランドの威力は大きい。ソニー生命を知らない人であっても、「ソニー」を知らない日本人はいない。したがって、日本を代表する大企業、先進的企業、優良企業……というイメージが、初めから顧客のなかにできあがっている。まったく聞いたことのない保険会社とは信頼度が違う。

実際、ソニー生命の顧客には、ソニー・ファンが多いという。

とはいえ、実際に顧客と膝を突き合わせ、センシティブなお金の話をするのは、1人のライフプランナー、すなわち1人の人間である。顧客からの信頼を得、保険に加入してもらえるかどうかは、最終的には個人の力量にかかってくる。

初回の面談は、自己紹介から始まる。まずは、ソニー生命が何をしたいのかを知ってもらうため、「お客さまの経済的な安定を支えたい」というソニー生命の考え方を伝える。上鈴木は、次のように説明する。

「はじめましてのご挨拶、ソニー生命と自分自身の紹介をした後は、公的保障のご説明をします。国の年金制度、遺族年金、高額療養費制度の仕組み、健康保険組合の付加給付金制度など、すでにある保障が、どこまで何を保障するものであるかを、お客さまがご存じでなければご説明するんです。あまりきちんと知らない方が多いですね。そのうえで、こうした公的保障を補完するのが、私たちが提供する保険だというお話をします」

さらに、ソニー生命のライフプランナーが、個人の状況にあわせ、必要な保障をオーダーメイドでつくるという仕組みについても説明する。

顧客はこれらの話を聞き、保険の必要性および、ソニー生命の考え方を理解する。次第に心を開き、話をする準備ができてくるのだ。

「預貯金が十分であれば、保険は必要ないという考え方もお伝えします。保険にお金をかけるより、家を買いたいとか、子どもの学費が心配という方もいらっしゃいますからね。

とにかく、保険に限らずお金の貯め方や使い方について、トータルに考えてみませんか、というお話をするのが、だいたい1回目のヒアリングです」

と、上鈴木は語る。

どんな保障が必要かは、当然ながら、その顧客が置かれた環境によって異なる。所得、両親の状況、持ち家の有無、配偶者や子どもの有無、子どもの年齢などによって、将来、お金が必要になる時期も、額も、大きく変わってくる。

1回の面談でだいたい60分~90分。平均的には、2~3か月をかけて面談を4~5回行い、契約に至るというケースが多い。

ヒアリングした内容からライフプランを立て、その人が守るべきものは何であるかを明確にし、その人に必要だと考えられる保障、つまり公的な保障だけでは不十分と思われる保障を提案し、ライフプランを組み立てていく。教育費なのか、生活費なのか、住宅費なのか。子どもの通う学校は私立なのか、公立なのか。大学や大学院にはいくのか。

「すべて国公立なら大学卒業までの教育費は1000万円。大学のみ私立なら1500万円。すべて私立なら2700万円という相場をお示ししながらご説明します」

会社が提供するこうした数値は、毎年見直しが行われ、必要があれば更新されるため、つねに最新の状態だ。

また、住んでいる地域の平均的な家庭にかかる生活費も会社が把握しているため、顧客の状況をヒアリングして比較することも可能だ。

話を聞きながら、ソニー生命が用意する「GLiP（グリップ）」というソフトウェアにヒアリングした内容を入力していく。すると、ライフプランがグラフでできあがる仕組みだ。子どもがもう1人生まれたらどうなるか、といったシミュレーションも画面上で簡単にでき、その場で確認できる。

「これを見ると、学費は守らないといけないとか、生活費がいくらかかるというのが視覚的に理解できます。すると、〝俺が死んでも生活費は守りたい〟などと自然に思っていただけて、生命保険のお話をする準備が整います」

平均的な家庭に比べて生活費が少し多めにかかっていれば、それを節約して子どもの学費に備えることができるとか、いまは賃貸住宅に住んでいるけれど、いつの段階で持ち家を買い、住宅ローンを組みたいなど、具体的なライフプランが見えてくるのだ。

会社が用意しているソフトウェアを使えば、5千万円の住宅であれば、何歳の時点で購入し、たとえば、月13万円払えば70歳でローンが終了……という具体的なことが瞬時にわかる。65歳以降の住宅ローンをどう払うかが心配であれば、65歳のときに繰り上げ返済をする計画を立てることもできる。その際、ソニー銀行の住宅ローンを紹介することもできる。

「iDeCo（個人型確定拠出年金）で積み立てましょうとか、NISA（少額投資非課税制度）を使いましょうといった話をしていくと、お客さまも少しずつ意識が高くなり、本気で人生について考えてくださるようになります。これがだいたい、2回目です」

3回目以降の面談では、ライフプランについてさらなるヒアリングを重ねていく。いたれりつくせりである。

最近では、子どもは1人でいいとか、子どもはもたないという夫婦も増え、家族の形も多様化している。対応すべきリスクが変わるため、提案する保険やプランも多様になっているという。

リモート面談で全国の顧客に対応

ソニー生命のライフプランナーには転勤がなく、1人の顧客をずっと担当できることは強みである。一方、顧客が引っ越してしまうことはままある。それでも、信頼関係を継続していくため、遠方であっても同じ担当者が担当し続ける。営業活動もスケールが違うのだ。

「北は北海道、南は鹿児島まで、私が担当しているお客さまはいらっしゃいます。これまでは、福岡の出張の帰りに広島のお客さまのところによって帰る……というようなことをしていましたが、コロナ禍を経てリモートでの対応も可能になりました」

と、上鈴木は述べる。

遠方にいる信頼関係のできあがった顧客であれば、実際に顔を合わせて面談するのは3年か4年に一度というのが普通だった。しかし、リモートでの対応ができるようになったことで、遠方の顧客であっても年に一度など、頻回の面談が可能になったのだ。

「かつては〝ご無沙汰して申し訳ありません〟、というのが遠方のお客さまへのお決まりのご挨拶でしたが、いまは変わりましたね。メールで〝お変わりありませんか〟とお送りしても〝変わりありません〟というお返事しか返ってきませんが、リモートであっても顔を見て話せば、〝去年相続があって〟とか〝そういえば……〟というような話も出てきやすくなります」

ライフプランナーの営業手法は、人によってさまざまだ。ゴルフにいって知り合いを紹介してもらう、という古風な営業をする人もいれば、異業種交流会などいまどきの会合に参加して人脈を築く人もいる。

また、ソニー生命のホームページの無料相談窓口から流入してくる顧客の対応も、それぞれのライフプランナーに割りあてられる。

ちなみに、ライフプランナーが、司法書士や弁護士、行政書士と協業することも少なくない。

「協業によってお客さまの満足度があがれば、自然とほかの方をご紹介いただけることも出てきます。ほかにも、介護が心配な方と一緒に介護施設を訪問して施設を一緒に決めたこともあります。お客さまや、社労士、税理士といった士業の方々の課題解決に貢献することで、何年後か、どんな形かわかりませんが、別の形で、あとからちゃんと返ってくるんです」

その信頼関係の築き方は、「商売の原点」といっても過言ではない。

ソニーグループ社員を対象とした、ライフプランナーセミナーも開催している。かつては長崎や仙台といった国内の拠点を回って行っていたが、これもまた、リモートでの対応が可能になった。

上鈴木の場合、1年目に契約に至ったのは30～40世帯だったが、そのほとんどの顧客がいまだに契約を続けている。

断られることも多いなかで、ライフプランナーに価値を感じ、ソニー生命の提案に価値を感じてくれる顧客は重要だ。

ソニー生命のライフプランナーの専売特許ともいえるコンサルティング営業は、設立から40年以上を経て、国内でも取り入れようとしている保険会社がいくつも現れている。しかし、ソニー生命の蓄積は、一朝一夕に真似（まね）できるものではない。現在、ソニー生命には約9200人の社員がおり、23年3月時点でうち約5400人がライフプランナーだ。

ソニー生命の保有契約高は、23年度上半期末時点で個人保険と個人年金保険の合計が63

兆8818億円で国内4位だ。そして、22年の顧客満足度調査でのランキングは1位である。創業100年を超える生命保険会社もあるなかで、40数年のソニー生命は大健闘しているといえる。

ソニーFGとしての資産も大きい。ソニー銀行に加え、ソニー損保の自動車保険や火災保険等のデータがある。こうしたさまざまなデータの蓄積は、ソニーグループの財産だ。

個人事業主のようなアントレプレナーシップ

ソニー生命のライフプランナーは、個人事業主のように独立した存在だ。給与に占める成果給の割合も高く、顧客への貢献が報酬に反映される仕組みとなっている。ある意味、アントレプレナーシップを持ち、自身の顧客に責任を持っている。

仕事のペースも個人の裁量次第で決められる。上鈴木の場合、在宅勤務となる日も多い。一方、自営業のようなものであるため、休暇中の旅行先のホテルで顧客からの急な電話に対応することもある。

「税制や住宅ローンの控除などの金額はどんどん変わりますので、われわれも勉強しなければいけません。いまは社会自体がいろいろと複雑になっていて考えなければならない要素が多いし、ライバルも多くなっています。お客さまは、すぐにネットやSNSで保険の種類や口コミなどの情報を見られますしね。保険業界もどんどん変わっていますから、つねに勉強です」

と、上鈴木はいう。

創業から40年以上が経ち、引退する世代が出てきていることも課題だ。本社の人材はもちろん、新しいライフプランナーの教育や、引退するライフプランナーの業務引き継ぎなど、これから考えていかなければならない点は多い。

それでも、かつて盛田が目指したソニーを支える金融事業は、盛田が期待した通りに育ち、その役割を果たしているといえる。

第4章

世界から人材を集める「ソニーの働き方」

日本型雇用が終焉(しゅうえん)を迎え、働き方改革やリモートワークの浸透が雇用環境の変化に拍車をかける。時間や空間にしばられない働き方はもはや当たり前だ。働く意義も多様化した。副業や兼業が増え、金銭のためだけに働く人ばかりではなくなっている。こうした変化にどう向き合えばいいのか。

その答えを持っているのが、ソニーである。

ソニーには、社員と会社が対等に向き合い、応え合うカルチャーがある。キャリアは社員自身が築くという考えのもと、社員に寄り添い、チャレンジを最大限後押しする。だからこそ、国や文化を超え、優秀な人材が世界中から集まってくる。

日本が活力を取り戻すには、人の力を最大限に生かすことだ。個の力を引き出せる企業は、強い。ソニーは、その最先端を走っている。

血が通った人事に挑戦し続ける

栗田麻子 くりた・あさこ

ソニー
人事総務部門副部門長
(肩書は2024年6月末時点)
2002年入社

ソニーの人事のDNAは、
彼女のような人によって脈々と受け継がれていく。
子育て中の海外勤務を人事が後押ししてくれたから、
いまの彼女がある。
社員の背中を押す人事が、彼女の目標だ。

スウェーデンで学んだ世界のスタンダード

ソニーらしい人事によるキャリアを、自ら積み上げてきた人事担当者がいる。ソニー株式会社人事総務部門副部門長の栗田麻子である。

1999年、新卒で入社したのは、ソニーではなかった。当時ソニーが出資していたアイワである。ただ、当時のアイワは構造改革の真っただ中で、人員削減を含めた厳しい施策を強いられていた。

栗田は転職活動の末、2002年にソニー・エリクソン・モバイルコミュニケーションズの人事部に職を得る。

その直前、アイワはソニーに吸収合併されることが決まった。在籍したままソニー社員となるオファーを断り、栗田はソニー・エリクソンに転職した。

「ソニーの1部門としてこれまでの仕事を続けるよりは、まったく新しい仕事に挑戦してみたかったんです。ソニー・エリクソンは、日本とスウェーデンの会社が対等出資で立ち上げたばかりの会社で、新しいことをやるにはちょうどいいと思いました。若かったので何も考えずに飛び込みました」

と、栗田は笑う。

大学時代に米シアトルに留学した経験があり、海外赴任を希望していた。03年に結婚した際には、大手商社に勤務する夫に「いずれ海外にいく時には、単身赴任するからね」と、あらかじめ断っていた。

06年、念願かなってスウェーデンのソニー・エリクソンに赴任が決まる。夫もほぼ同じタイミングで米ニューヨークにトレイニーとしての赴任が決まった。スウェーデンと米国という遠距離夫婦生活である。

29歳でのスウェーデンでの勤務経験は、栗田の「女性の働き方」に対する目を開かせた。一般社員はもちろん、マネジメントも子育てをしながら共働きをしている女性ばかりだった。

日本はいまだに女性管理職が3割を超える企業は少数派だが、スウェーデンは世界でもっとも女性の社会進出が進んでいる国の1つであり、働く女性先進国だ。その環境が、栗田にとっての〝スタンダード〟になった。

栗田は2年で帰国した。次のライフイベントは出産だった。09年、男の子を授かる。当時は、いま以上に保育園不足が深刻だった。栗田は、比較的入園しやすい0歳児のうちに子どもを保育園に預け、7か月で復職する。その際、ソニー・エリクソンではなくソニー本社の人事部に復帰した。

通常、育休後の復帰は慣れた職場で、無理をさせないように計らうものだが、栗田の場合は違った。上司の判断もあり、本人の同意もあって転籍したのだ。

「上司が、『ソニー本社勤務を経験したほうがいい』と、ずっといってくれていたんです。仕事の引き継ぎは育休前に済ませていたので、『このタイミングで転籍しませんか』と、声をかけていただきました」

ソニーの人事は、不要な計らいや、産休・育休明けの女性が責任の軽い仕事の担当になったり、昇進コースから外れるようなマミートラックとは無縁である。

キャリアの初期から裁量性の高い仕事の進め方をしていた栗田にとって、復職後も裁量労働を継続することは自然であり、育休後も比較的スムーズにキャリアを継続することとなった。

夫婦で大企業に勤める栗田は、家庭と仕事をいかに両立したのだろうか。家事全般については栗田のほうが得意だった。しかし、育児については夫婦のスタート地点は同じであって、どちらが効率的とか、上手下手はない。そこで、保育園の送迎をはじめ、育児には夫も主体的に関わることを確認した。一方、職場に対しては、周囲に必要以上に気を使わせないようにしていたと語る。

「飲み会はいくようにしていました。これが周囲にはインパクトがあったみたいで(笑)。〝飲み会にこられる人なんだ、大丈夫なんだ〟と思ってもらえたようです。夫も飲み会はあるので、2人の予定が重なった時は、どちらの飲み会が大事かプレゼンし合います」

という。

〝事件〟が起きたのは、14年に第2子の女の子を出産し、復職する直前だった。夫の上海赴任が決まったのだ。

栗田は、復職前から課長職に就いており、育児休職後もソニー本社に課長として復職予定だった。5歳と1歳の子どもを抱え、いわゆるワンオペ（片親が1人で家事育児をこなすこと）をしながらフルタイムで働くことはむずかしいと考え、配偶者の海外赴任にともなって最大5年間休職できる「フレキシブルキャリア休職制度」を使うほうが、中途半端になるより良いのではないかと会社に申し出た。

ところが、すでに職場は栗田復帰の予定で動いており、「予定通りに復職してほしい」といわれた。何ぶん、すでに1週間前だった。

「では、1年間は働きます、その後は休職を検討させてください」と、栗田は宣言した。1年後に休職して、夫のいる上海にいくつもりだった。

社員の力を引き出す人事

フルタイム勤務のワンオペは想像以上に大変だった。管理職として自由度の高い働き方が救いだった。時に親の手も借りつつ、必死でこなした。

ところが、思いがけず声をかけられた。「上海で働かないか」という誘いである。

「びっくりしました。そんな選択肢があるとは思っていなかったので。会社が事情を汲んでくれて、休むくらいなら上海のソニーで働かないか、と。5年間赴任していた方のポストが空くというので、『栗田はどうせ上海にいくし……』と、声をかけてくださったんですね」

子どもを2人抱えて、中国で共働きができるだろうか……。この時も、栗田は正直、むずかしいと思った。上の子は小学校1年生になるタイミングで、下の子はまだ2歳だが、上海には日本のような学童保育や保育園はないし、親の手も借りられない。

栗田は、上司に不安を打ち明けた。ところが、戻ってきた答えは「なんとかなるんじゃない？」だった。誰に聞いても、同じような返事が返ってくる。人事担当役員の安部にいたっては「大丈夫でしょう」といった。これは、ソニーの優しさかもしれない。栗田ならできる、と背中を押したのだ。彼女は上海のソニー・チャイナに赴任した。

1年生と2歳児を抱えての上海での生活は、想像通りドタバタだった。1年生は、早い時間に帰宅するので、マンション内の習いごとを毎日入れた。そして、家事全般はアウトソーシングし、中国人のお手伝いさんを雇い、子どもの帰宅時には必ず家にいてもらうようにした。下の2歳の子は、3歳児にまじってむりやり日系の幼稚園に入れた。

栗田の仕事は出張が多かった。

「月に一度くらい泊まりがけの出張が入るんです。その間は、家事はお手伝いさん、子どもは夫に見てもらいました。子どもたちも、その日は誰が自分たちを守ってくれるのかがわかるみたいで、私がいなくてもまったく問題なく、夫と楽しく過ごしていましたね」

当時の中国は、勢いに乗って経済発展を続けていた。モバイル決済や自転車のシェアサービスが一気に拡大していくさまを目の当たりにしつつ、栗田は4年間の上海勤務をなんとか乗り切った。

彼女はいま、グローバルで約4万人と、グループ内最大の人数を抱えるエンタテインメント・テクノロジー&サービス事業を担うソニー株式会社の人事総務部門で副部門長を務める。自らの経験を、現在の仕事に存分に役立てている。

ソニーの人事部は、直接人を動かしたり、評価したりしない。社員のキャリアは各事業部で上司と本人が決め、人事部はそれに対して専門的なアドバイスや支援を行う。

支援の1つにシンフォニー・プランがある。それまで個々に行われていたライフステージごとの施策を、20年にまとめて整理した。不妊治療、育児、介護、病気の際の休暇制度のほか、短時間、フレックスタイム、フレキシブルワークといった勤務制度を整え、支援金の支給や休職の選択肢を用意する。社員がライフイベントに直面した際、仕事を継続し、力を発揮できるよう支援するのだ。

じつは、こうした制度を整えることはむずかしくない。制度のある企業はいくらでもある。ソニーが違うのは、これらの制度を誰もが気兼ねや忖度なく使えるようにしていることだ。本当にむずかしいのは、個人の力を発揮させるために1人ひとりの社員に寄り添うことである。

ソニーの人事を、栗田は「血が通った人事」と表現する。

ソニーの取り組みは、社員をエンカレッジし、モチベーションを高め、彼らの活力、ひいては企業全体のパワーに直結している。

「私の場合、子会社から本社への転籍にしても、子連れでの海外赴任にしても、自分でも気づいていなかった〝制限〟や〝制約〟を取り除いて、力を引き出してもらったという感じがすごくあるんです。それはソニーらしいところだと思っています」

昨今、働き方や雇用形態、価値観など人材の多様化は格段と進んでいる。ソニーの人事部は、彼らをひとまとめにするのではなく、1人ひとりに寄り添い、個人の希望をかなえつつ会社の利益につながるよう、支援策を考える。その一方、栗田のように、本人が希望していなくても、その人のために良いと思うキャリアを提案し、動かす人事もある。

考えてみれば、ソニーは、現在のソニー・ミュージックエンタテインメント出身の平井一夫が社長を務めたこともある会社である。もともと子会社と本社の行き来に壁はなかった。実力があり、本人が望むのであれば、どこでも働く機会を提供する。そこでは、定期的な異動や年功序列は、ほとんど意味を持たない。

ソニーの昨今の復活劇は、「Ｐｕｒｐｏｓｅ経営」がすべてであるかのように語られることもあるが、そこで働く社員たちを見ていると、その本質は「Ｐｕｒｐｏｓｅ」だけではなく、１人ひとりの個人の熱量や士気の高さにあるように思える。彼らは仕事を楽しみ、働くことに喜びを見出している。

型にはめるより本人に任せる

ソニーの人事が、個人を尊重していることはよくわかる。ただ、個人の尊重が行き過ぎると、バラバラになってしまうのではないか。

「そこは、どう考えているんですか」と問うと、栗田は次のようにいって笑った。

「それが、〝謎〟のソニーらしさなんです」

ソニーグループ各社は、エレクトロニクス、半導体といった製造業から、ゲーム、音楽、映画といったエンタテインメント、金融まで、扱う事業は多様でバラバラだ。そのグループ各社をつないでいるのは、「Ｐｕｒｐｏｓｅ」への共感であり、わかりやすくいえば「企業文化」だ。ただし、脈々と受け継がれてきたはずの文化、ソニーらしさそのものについて、「これ」という定義はない。

「ソニーらしさについては、海外でも翻訳して共有していますが、わざとふんわりした言葉にしています。かっちりと定義はしていないんです」

と、栗田はいう。

たしかに、多様性を尊重し、個の力を最大限に引き出そうとする組織において、「らしさ」を定義したとたんに、それはその集団全体の「らしさ」ではなくなってしまうだろう。

それでもあえて「ソニーらしさ」を問うと、栗田は次のような話をしてくれた。

採用面接などで、「ソニーの悪いところを教えてください」という質問を受けると、「マニュアルが整っていないところ」と答えるという。すなわち、マニュアルがないことが、一種のソニーらしさだというのである。定型が用意されていないことで、多少の非効率やすれ違いは生まれる。それでも、多様性と自主性を重んじ、型にはめるよりは本人に任せるのがソニーのやり方だ。

「人事的には、『こうしてください』といったことを『ハイわかりました』といってやってくれるマネジメントはラクですよ。でも、おもしろいなと思う人は、全然『ハイわかりました』とはいってくれないですね。強烈にこれがやりたい、と思っている人は、やりたいからこそ強く自分の意見を主張する」

では、これからのソニーを担う若い世代についてはどうか。世間では、平気ですぐに会社を辞める若者や、Z世代の若者の扱いのむずかしさが指摘される。「若い世代をどう支えるかは、課題なのではないですか?」と水を向けると、「課題ではなく、期待です」という答えが返ってきた。

「彼らは、育った環境がわれわれとは全然違う。デジタルネイティブの世代には、私たちにはない発想があることを思うと、それをどうやって引き出してあげるかが楽しみです」

昭和の汗と涙の働き方は、不要なのだろうか。

「努力のさせ方の違いですね。何かをやりたいと思っている人たちは、昔もいまも、それに向かって猛烈に働くんです。昔は水も飲まずに働いていたのが、いまはジュースを飲みながらやっているかもしれないけれど、努力すること自体は変わらないですから」

逆に、水も飲まない働き方には、画一的な考え方からくる理不尽も多かった。その理不尽を取り除き、自由に働かせるほうが、「社員のポテンシャルのリミットが上がる」というのが、栗田の言い分である。

最後に、栗田にとっての「仕事とは何か」を聞いてみた。

「何かを成し遂げる……旅みたいな感じですね。『感動を目指そう』とか、『人のやらないことをやろう』とか、『新しいことにチャレンジしよう』という目標に向かって、一緒に進んでいくんです」

社員1人ひとりに寄り添い、一緒に何かを成し遂げていこうとするのが、人事部にいる栗田の役割であり、仕事観だ。

ソニーでは
仕事は自分で見つけるもの

マーカス加藤絵理香 まーかす・かとう・えりか

ソニーグループCTO室 ゼネラルマネジャー
ソニーAI エグゼクティブ・ディレクター
1998年入社

ソニーグループ内に
エリカさんを知らない人はいないほどの有名人だ。
日本、ヨーロッパ、アメリカで仕事をしてきた。
持ち味は、グローバル・コミュニケーション力だ。

AIで新規探索領域に挑む

男性が幅を利かせる企業が多い日本において、女性のキャリア形成は容易ではない。それを地球規模で成し遂げた女性が、ソニーにはいる。

「エリカって呼んでください。みんな、そう呼んでいます」

こう語るのは、ソニーグループのCTO室ゼネラルマネジャーや、2020年4月設立のソニーAI（現在のソニーリサーチ）でパートナーシップ&コミュニケーション担当のエグゼクティブ・ディレクターを務める、マーカス加藤絵理香だ。

名字のうち、マーカスはアメリカ人の父親、加藤は母親の姓だ。日本の小学校を卒業後、中高はインターナショナルスクールに進み、アメリカでマーケティングと哲学を学んだ後、1998年4月ソニーに入社した。多様性を体現している。

「いわゆる日本企業然とした会社は合わないと思った」というエリカは、グローバル企業のソニーグループで、はつらつと元気に駆けまわる。

ソニーAIは、「人類の想像力と創造性を解き放つAIの創出」をミッションに、最先端のAIの研究開発を行っている。「新規探索領域」として、「ゲーム」「イメージング&センシング」「食（ガストロノミー）」「AI倫理」をフラッグシッププロジェクトとしてスタートした。

「ソニーが取り組むＡＩですから、エレキ、エンタテインメントといったコア技術に貢献するＡＩです。工場の自動化とかチャットボットとかではなく、アーティストやクリエイターに寄り添い、人との共存、協調を目指しています」

なかでも食は、持続可能性や健康などの視点からも注目される領域だ。なぜ、エレクトロニクスから始まったソニーが食を追うのか。

「食はエンタテインメントです。世界中の誰もが好きなことだし、みんな毎日食べますよね。いまやエンタメの会社であるソニーにとって無視できない領域の１つ。ソニーのＤＮＡともマッチするものがあります」

と、彼女はいう。

食の分野で目指していたのは、２つだ。１つは調理支援ロボット、もう１つはレシピ創作支援ＡＩアプリの開発である。前者は、食材の下準備から盛りつけなどの全工程でシェフをサポートするロボット。後者は、味、香り、風味、分子構造などの情報をデータベース化、解析し、ＡＩで新たな食材のペアリングやレシピの創作を支援するツールの制作だ。

「食は、技術的にものすごくむずかしい領域です。だからチャレンジのしがいがあります。私自身、料理はとても好きですし」

と、笑う。

彼女は、徹底したこだわり派だ。やりたいと思ったら、徹底的にのめり込む。とことん極める。コーヒー好きが高じて、焙煎(ばいせん)の学校に通った。天然酵母のパンづくりにも挑戦する。

「こんな感じの素朴なパン」

といって、スマホで写真を見せてくれた。のぞき込むと、こんがりと焼きあがったハード系のパンが写っている。

彼女のキャリア人生も、チャレンジの連続である。やりたいことを見つけて、自分の手でチャンスをつかみとってきた。これがしたいと手を挙げるのが、これまで見てきたようにソニー流の働き方だ。「自分が思い描く将来を一緒に築けるのが、ソニーという会社なのかもしれない」という。

日本のサラリーマンは、会社がお膳立てしたキャリアに、ベルトコンベアに乗っているかのように従う。しかし、ソニーの人たちは違う。男女を問わず、自分のキャリアは自分でつくる。

「いやな仕事をやらされることほど、不幸なことはない」と、エリカは断言する。

仕事は楽しいのがいちばん、やりたいことをやるに限る。仕事がおもしろいと思う人の熱量はすさまじい。ソニーを元気にしているのは、そんな人たちだ。

出井のスピーチライター

入社1年目、彼女は、広報部で社内報を担当。前年亡くなった創業者、井深大の追悼号の翻訳が最初の仕事だった。「でも、私、恥ずかしながら当時井深さんが誰なのかを知らなかった」と、彼女はあっけらかんと振り返るのだ。

2年後、社長室に異動し、95年代表取締役社長に就任した出井伸之のスピーチライターに抜擢(ばってき)された。後日知るのだが、推薦したのは、吉田憲一郎(現ソニーグループ会長CEO)である。エリカはスピーチ原稿など書いたことがなかった。

出井が話すことをMDに録音し、そのまま原稿化して渡すところから始めた。原稿は、何度も突き返された。書き直しは、ときに十数回を数えた。

海外オフィス、海外イベントをはじめ、ダボス会議などの出井の出張には必ず同行した。出張中の睡眠時間は数時間。「すごいプレッシャーでした。がむしゃらに働きました。ちょっと働き過ぎだった」という。

「原稿は最後の最後まで変わります。当日、もっていってくれたけど、壇上で全然違うことを話されたこともありました。あんなに頑張ったのに……とショックを受けていたら、ご本人は『ここまで一緒にやってくれたからこそ、本番の発言があるし、このスピーチで良かったでしょ?』といつも笑顔でいわれていましたね」

スピーチライターの仕事をしつつも、つねに次のキャリアについて考えをめぐらせていた。「ほかの人が経験できないようなことをさせてもらっているが、このままでいいのか」「事業の経験をしなくていいのか」――。スピーチライターの仕事を始めて間もない時期に吉田に直訴したこともある。

「私は、スピーチライターになりたくて会社に入ったわけではないんです」

当時の吉田の言葉を、彼女はいまもはっきりと覚えている。

「吉田さんは、『会社は自分のやりたいと思うことだけをやる場じゃない。自分が会社に何を求められているのかも考える必要がある』といわれました。でも、20年後にその話をしたら、吉田さんは『僕、そんなことといったかな』って」

この教訓から4年後、次のステップの突破口を開くために、エリカは、1年間の休職を願い出て、スイスにＭＢＡ留学をした。29歳だった。日本で幼少期を過ごし、アメリカで大学時代を過ごした。次はヨーロッパを経験してみたかった。選んだ大学院では、世界各国から社会人7~8年目の経験者が学んでいることも魅力だった。こうした決断と行動力が、彼女の真骨頂だ。

「じつは、私、会社を辞めてでも留学しようと思っていました。でも、当時の上司が『休職にしなさい』といってくれて」

部下がベストな選択ができるよう、上司は最大限の配慮をする。グローバル企業のソニーの組織は一見、クールなようでいて、じつはそうでもない。上司と部下、同僚間の関係は、思いのほか密である。人間くさい。だから、日本企業の人は、ソニーを外資系っぽいといい、逆に外資系企業の人は、日本企業っぽいという。うなずける話である。

働きたい場所で働く

1年後、復職にあたって、日本に戻ってきてほしいといわれた。でも、戻りたくはなかった。ヨーロッパで仕事がしてみたかった。

「携帯電話は、まったく未知の世界でしたが、スウェーデンのソニー・エリクソン（当時）にいきたいといいました。おもしろいと思ったのは、拠点が海外であること。私と一緒で〝ハーフ〟だったんですよね」

もともと事業部にいきたかった。先端商品の企画に興味があったのだ。専門外の領域に飛び込むのも、知らない国で働くことも、ためらいはなかった。ちなみに、ソニー・エリクソンにいくにあたって、面接を担当したのは現執行役専務で人事を担当する安部和志だった。

ソニー・エリクソンに入って2年後、アンドロイド搭載スマートフォンの世界導入のプロジェクトに関わった。業績回復の途上にあり、苦しい時代だった。

「ガラケーでインターネットが使われていたころでしたが、今後、携帯でパソコンのようにインターネットを使えるようになると確信していたので、これからビジネスとしておもしろくなるのはソフトウェアだと思ったんです」

エリカは、ソニーのスマートフォン「Ｘｐｅｒｉａ™」に搭載される自社開発アプリの企画を担当し、その後、そのチームを統括することになる。グローバルな拠点に散らばる開発メンバーの取りまとめ役だ。

スウェーデンには8年いた。「そろそろ次にいかなければ。何か新しいことをしなければ」と思った。そのタイミングで、米国のソニー・ネットワークエンタテインメントインターナショナル（現ソニー・インタラクティブエンタテインメントＬＬＣ）から声がかかった。06年に本格的にサービスを開始したプレイステーションネットワークの部隊だ。

「当時、ソニーの中でグローバルにネットワークサービスの事業をやっている唯一の会社だった。そこにいけたらいいなと、じつは、ひそかに考えていました。日本とヨーロッパで仕事をして、アメリカは大学時代を過ごしましたけど仕事をした経験はなかったので、次はアメリカで仕事がしてみたかった」

と、振り返る。

「プレイステーション４（ＰＳ４）」が発売された13年、米国・西海岸に渡った。当時、ソニーのゲーム事業には社の命運がかかっていた。「PS4が成功しなかったら、この会社は終わる」という危機感を、誰もが持っていた頃だ。PSNの成否は、いかに多くのコンテンツを集め、配信するかにかかっていた。エリカは、ネットワークサービスのサービスプランニングを担当した。

「開発は、1拠点で閉じているわけではない。サンディエゴ、サンフランシスコと日本、外注先がまた第3国にあったりもする。関わるメンバー全員に、方向性を間違いなく理解してもらうことが大事。なぜ、何のために、何をしたいのか。何に向かってこの開発をしているのか。それが見えないと、方向性がずれていってしまう」

シンプルかつ簡潔な表現、明確なストーリーづくりを心がけた。「とにかくシンプルに、シンプルにというのは、それまでもいわれてきたことでした。スライドづくりにしても、書類づくりにしても、ソニーでは、シンプルじゃないのは嫌われますね」という。

自分たちの存在意義、仕事の価値を見極め、明確なストーリーにして伝えることは、エリカ自身が強みと自認する部分だ。

私を見てエンカレッジされる人がいたらうれしい

5年後の18年1月、「14年半海外にいたため、そろそろ日本に戻りたい」と願い出て、日本に戻った。同年4月、吉田が社長兼CEOに就任した。ソニーの業績は上向き始めていた。

自分らしくありたい、自分らしく働く。それは、簡単なようで簡単ではない。自分らしさとは、さまざまな経験、チャレンジ、葛藤の上に手に入れるものではないか。彼女を見ているとそう思う。

22年夏、エリカは北アルプスを縦走した。白馬岳から朝日岳を含むロングトレイルだ。

「年に1、2回、10キロ前後の荷物を背負って山にいきます。昨年は、1人で熊野古道を歩きました。高野山から熊野本宮大社まで約70キロ、4日間で出会ったのは1人だけでした」

山を登る行為は、自分と向き合う時間だ。インタビュー当日も、登山ブランドのシャツを着てきた。いま、彼女の中で山の占める部分がそれだけ大きいということだろう。

「仕事だけじゃない趣味を持って、それを極めていくことで新しい知識を得られて、仕事にも応用できたりする。そういうことを大切にしているんです」

エリカは、ソニーは「ピュア」だという。企業価値の向上や規模拡大より、豊かさを純粋に追求する会社だという意味だ。

「エンタテインメントって、壁がないんです。みんながゲームや音楽を楽しむし、おいしいものを食べる。言葉はもう関係ない。ソニーは、壁のないものをつくっている会社なんです」

そんなソニーで働くエリカにとって、幸せとは何なのか。

「もっと世の中に貢献したい。女性としてもっと活躍したいし、その姿を見せたい。私を見てエンカレッジされる人がいたらうれしい。この人がいてよかったなっていう存在になりたいんです」

と、熱く語る。

ソニーグループのリモートワークは、コロナ禍で一層進んだ。

「リモートがより浸透して、次から次へとオンラインでミーティングができるようになった」

一度も実際に会ったことのない人と仕事をすることも多々あるという。

「いまは、世界のどこへでも、ピッていけちゃうから」と、笑った。

日本企業の良さと外資系の良さ、両方あるから働きやすい

楊瀛 やん・いん
ソニーセミコンダクタソリューションズ
システムソリューション事業部
2018年入社

中国人の両親を持ち、日本で育った。
大学は中国、大学院は日本。
AIやプログラミングの高度な専門知識を有する
楊さんのような人を夢中にさせられるのが、ソニーのすごさだ。

ソニーのほうが〝仕事しやすそう〟

楊瀛（ヤン・イン）は2018年、25歳のときにソニーに入社した。

中国人の両親のもと、埼玉県に生まれた彼女は、ソニーの人材の多様性を表している。ソニーセミコンダクタソリューションズ（SSS）で、エンジニアとしてAI処理機能を搭載したイメージセンサーのソフトウェア開発に従事する。

1990年代後半以降に生まれた世代は、「Z世代」と呼ばれる。楊は90年代前半に生まれた、いわゆる「ミレニアル世代」だ。多様性が特徴といわれるZ世代に近い世代感覚の中で成長した。

中学生までを日本で過ごした後、彼女は、両親の転勤にともなって中国に渡り、高校・大学時代を過ごした。日本に残る手もあったが、両親の「いろんなところに住んでみたほうがいいだろう」という方針に従った。

両親は、中国語も日本語も使うため、楊自身は日本語を母国語のように感じていたが、中国語にもまったく不便はなかった。

南京にある高校に通っていたころ、プログラミングに興味を持って独学で学び始め、蘇州にある大学で情報工学を学んだ。大学卒業後に日本に戻ってある大学の大学院に入り、情報学研究科知能システム学を専攻し、ＡＩの研究をした。

「学生時代から、センサーにＡＩを組み合わせることでおもしろいことができそうだと考えていました」

と、楊はいう。

就職先には、世界でもトップのセンサー技術、とくにＣＭＯＳイメージセンサーを持つことから、ソニーを選択した。

「もう1つ、面接のときに社内の雰囲気について、〝仕事しやすそうだな〟と感じたことが、ソニーを選んだ2番目の理由ですね」

と、楊は語る。

じつは、中国の学部生時代に別の会社でインターンをしたことがあった。その会社では、些細(ささい)なことであっても、随時上層部への報告や承認を得る必要があった。上下関係の堅苦しさを感じた。楊は、そのプロセスをムダと感じた。対してソニーは、職場の風通しがよく、仕事のために仕事をするようなムダが少なく感じられたのだ。

「中国の企業も、並行して見ていました。金銭的な待遇は、正直、中国企業のほうがよかった。でも、ソニーのほうが働きやすそうだった」

と、楊はいう。

センサーとＡＩを組み合わせる

入社後は1年間、厚木テクノロジーセンターでＴｏＦセンサーの開発に携わった。

ＴｏＦセンサーとは、物体に向けて光のパルスを送信し、そのパルスが物体に当たって反射し、戻ってくるまでにかかる時間を計測することにより、物体までの距離を測定するセンサーだ。クルマや産業用ロボットに搭載されているほか、スマートフォンにも搭載され、さまざまな用途に活用されている。

楊にとっては、ソニーのセンサーを学ぶ絶好の機会だった。そして、「センサーとＡＩを組み合わせておもしろいことをしてみたい」という希望を叶えている。ＡＩ関連の専門知識を生かせる最先端の分野だ。

楊は、ＡＩやプログラミングの専門知識を備えているだけでなく、日本語と中国語でネイティブレベルのコミュニケーションができる。さらに、大学院時代は東南アジアやスリランカ、ヨーロッパなど世界中から集まった学生と主に英語でコミュニケーションをとっていたため、人種の多様性の中でのコミュニケーションにも慣れている。

「中国を含め、海外のエンジニアと密にコミュニケーションをとる役割は、会社から期待されていたかなと思います」

と、楊は語る。

こうした最先端のＡＩ技術を身につけた人材は、世界のグローバル企業から引く手数多だが、彼女は「センサーの技術」と「職場の雰囲気」でソニーを選択したわけだ。「待遇」ももちろん重要だが、それ以外の基準で優秀な人材を引きつけられるところは、ソニーの企業文化の賜物といえるだろう。

そしてまた、その文化に惹かれてソニーを選んだ楊のような人材が活躍することで、優れた文化が引き継がれていく。正のスパイラルができあがるわけだ。

失敗こみでやらせる懐の深さ

近年、人事担当者が頭を悩ませるのは、せっかく優秀な人材を採用しても、定着率が低いことだ。数年であっけなく辞めてしまうケースが少なくない。

かつて、離職の原因は、長時間労働や心理的な負荷など、ハードな職場環境にあったが、近年は、コンプライアンス強化により、職場環境は改善されている。にもかかわらず、社員が辞めていく。つまり、社員が辞める原因が変わってきているのだ。

背景にあるのは、価値観や働き方の多様化の進展だ。一生同じ会社に勤め続ける時代はとっくの昔に終わっている。もはや、終身雇用は遠い昔の話である。

また、最先端技術の専門化、複雑化、高度化が進み、かつてのようにＯＪＴで部下を育てる場面は減った。フラットな組織文化や、社員の主体性が重視される傾向から、以前のように「俺についてこい」という強いリーダーシップも求められなくなっている。

40代、50代が、こうしたかつての職場の常識をアップデートできないままでいると、思いもよらない理由や感覚で、ある日突然、若い世代に会社を去られる。

なかでも、若者が早期に退職してしまう原因の1つが、「ここにいても成長できないのではないか」という焦りや、不安だといわれている。置かれた環境で、いますぐに成長できないと感じれば、あっという間に辞める。それを防止するには、彼らがやりたい仕事、刺激的な仕事を与えて「成長実感」を持ってもらわなければならない。それが、優秀な人材を企業に引き留める最善策だ。

ソニーグループ執行役専務で、人事を担当する安部和志の言葉を借りれば、「社員は、会社が自分にとって成長し、挑戦する場としてふさわしいかを問い続ける」という。上昇志向の強い若い世代のほうが、その傾向は強いかもしれない。

その意味で、楊にとっては、ソニーの職場は刺激的だった。

「変化のスピードが速いので、それについていくのにいちばんエネルギーを使っています」

と語る。

楊の話から見えてくるソニーの若手の働き方は、すこぶる興味深い。表情にも、充実感がみなぎっている。ソニーの働く環境は、「成長実感」を得るには十分なのだろう。なぜか。

「ソニーの働き方は自由だと感じました。もちろん、仕事に締切はありますが、やりたいと手を挙げれば任せてくれる。明らかに経験が足りない若手でも、失敗もこみでやらせてくれる、そういう懐の広さを感じるんです」

成長実感を持たせるために、経験不足だろうが、失敗しそうだろうが、まずはやらせてみる。トライアンドエラーを繰り返しながら、次のステップへと進むのだ。

楊も、手を挙げた1人である。入社3年目に、厚木から部署ごと品川のオフィスに異動してきた。この頃、やってみたいことがあった。

「AITRIOS（アイトリオス＝エッジAIセンシングプラットフォーム）（293ページ参照）のプロジェクトで、インテリジェントビジョンセンサーの『IMX500』に、人間の骨格を検出するAIモデルを搭載したいと思ったんです。当時はまだ前例がなく、できる保証がない状態でしたが、個人的には、そのモデルを搭載できるところまで、絶対にもっていけると思っていました」

「IMX500」に搭載するには、AIモデルは一定の条件をクリアする必要がある。しかし、人間の骨格情報を取り出すAIモデルは、その条件をクリアしていなかった。搭載できるようにするためには、プログラムに手を加えたり調整したりして最適化を図る必要があるが、しかし、彼女は、そのプロセスをこなして条件をクリアし、搭載できると感じていた。

そこで、上長に直談判した。

「条件はそろっています。やればできると思います」

「じゃあ、やってみてもいいんじゃないか？」

背中を押してもらう形で、楊の挑戦は始まった。

楊の構想が実現すると、何ができるようになるのか。たとえば、「ＩＭＸ５００」を搭載したカメラを老人ホームの部屋に設置した場合、カメラに映る範囲内で人が転ぶと、骨格情報を取り出すＡＩが吸い上げた情報から「人が転んだ」ことが認識され、介護スタッフルームにアラートが表示されるのだ。

結果、転倒を検出するような使い方のほか、大勢の中から姿勢が悪い人を見つけたり、進入禁止エリアに手や足が入ったことを検知するなど、さまざまな用途に応用できる可能性が広がった。

「各方面のエキスパートの方に助けていただきながら進めました。最終的に『ＩＭＸ５００』に搭載したＡＩがきちんと動いたときは、私のチームだけではなくて、ほかのチームのメンバーも喜んでくれて、本当にうれしかったですね」

と、楊は振り返る。

上司と本音で話せる飲み会

さて、個を尊重するソニー内部の人間関係はどうなのだろうか。

近年、若手を「飲み会に誘ってもついてこない」という嘆きをしばしば聞く。年齢差のある人間関係の構築には、多くの企業が悩んでいる。「ＯＪＴ」による人材育成が通用しない時代になったとはいえ、ソニーでも人間関係は希薄になっているのだろうか。必ずしもそうではないようだ。

楊の直属の上司は、システムソリューション事業部長の柳沢英太（286ページ参照）で、積極的に飲み会を行うタイプだ。不定期ながら、おおよそ月に一度ほどのペースで10人前後の開発メンバーが集まり、居酒屋で飲み会を行っている。柳沢も参加する。

楊は、次のように語る。

「ほかの部署はわかりませんが、柳沢さんのようなマネジメントと業務以外で直接話せる機会は少ないので、飲み会の機会に〝これをやってみたいです〟という話をしたりします。〝それはむずかしいんじゃない？　ほかの会社で失敗していたものでしょ？〟なんて返されることもあります」

若手は上司に遠慮なくいいたいことをいい、上司もまた、甘やかさずに返事をする。互いに本音で話ができるからこそ、飲み会が意味ある「場」になる。

楊に「自身の役割や、期待を感じるのではないですか」と尋ねると、「それに関して、疑ったことはないですね」という返事だった。

チームのメンバーや上司に対する、絶対的な信頼が感じられる。その信頼は、自分自身がその期待に応えられるという自負につながり、自信になる。生き生きと楽しんで働く社員が増え、彼らのエンゲージメントも高まる。

「上司は、なんでもすぐ褒めてくれるんですよ」と、うれしそうに語った。

楊は、ソニーを選び続ける背景をこう説明する。

まず、ソニーの良さについて、彼女は「外資系っぽい良さと、日本企業の良さを併せ持っているところ」と、表現した。

「日本企業の良さというのは、新人を育ててくれるところです。〝外資系っぽい〟良さというのは、上下関係が緩いところですね」

たとえば、各分野の専門家に困りごとについて尋ねると、必要な答えが即、戻ってくる。さらに、仕事を任せてくれる、信頼してくれる、小さな成功を見ていて褒めてくれるといった点も、自分が「大事にされている」「育ててもらっている」という実感につながっている。

「上下関係が緩い」ことは、組織のフラットさと同時に、空気を読んだり忖度したりすることなく、いいたいことがいえる関係を指すといえよう。飲み会の席で、上司の隣に座って話を聞いてもらえたり、意見したことに本気で返事をしたりしてもらえる。そうした体験から、部下であっても、年下であってもリスペクトされていると実感できる。それは、個の尊重といえる。

AIの実用化に向けた橋渡し

近年、社員の生産性やパフォーマンスの向上だけでなく、社員満足度や定着率の向上、クリエイティビティを発揮させるための基準として、社員エンゲージメントが重視されるようになっている。社員エンゲージメントは、わかりやすくいうと、社員が職場でモチベーションを高く保ち、やりがいを持って楽しく働く「働きがい」を意味する。そのなかで、楊の次の言葉が印象的だった。

「入社する前は、仕事はお金を稼ぐ手段として、好きではなくてもある程度妥協してするべきものだと考えていたんです。でも、認識が変わりました。いまは、仕事は生きがいになるものだなと思っています」

社員エンゲージメントが高いのである。

仕事を生きがいと感じられるのは、幸せだ。そして、そのように感じさせられる企業は多くない。

楊は、なぜ仕事に生きがいを感じているのか。やはり、自分が望んだ仕事ができているという充実感が大きいだろう。ソニーを志望した理由からして、楊は、センサーとＡＩを組み合わせてさまざまなことを実現できるようにしたいと考えていた。実際、それを実現できる場にいる。夢見た舞台に立っているのだ。

アカデミックの分野では、さまざまな種類のＡＩの研究開発が進んでいる。各分野で世界が競っているのが現状だ。

しかし、アカデミックの分野で行われている最先端の研究を、一般人が実際に使う形にまで落とし込めないところに、ＡＩ普及に向けた最大の問題がある。

最先端のＡＩを生活に有効利用できるよう、実用化に向けた橋を渡すのが、楊らの役割だ。

「われわれみたいな、ＡＩを扱うソフトウェアエンジニアは、そのギャップを埋めていくのが使命です。ＡＩの実装に関しては、ソニーは世界でも最先端をいっていると思っています。ＡＩにどんなデータが必要かは、お客さんのニーズや状況によって異なります。ソニーの場合、必要なデータがわかれば、そのデータを拾ってくることができるセンサーという強みがあります」

と、楊は語る。ギャップを埋めるためのプラットフォームとなるのが、「ＡＩＴＲＩＯＳ」である。

たとえば、ユーザーが実際に使う際のインターフェースや操作性について、直感的に使いやすいような設計に改善する。あるいは、用途に応じてカスタマイズ、パーソナライズする必要もある。顧客が要求する性能に特化させたり、セキュリティやプライバシーの対策を講じたりする必要もある。目的や用途にあわせて、使いやすい形に整える必要もある。

「お客さんが、こんなセンサーを使ってこんなＡＩをつくりたい、使いたい、と思ったときに、それがすぐに実現できるプラットフォームをつくっていて、それを完全にしていきたいと思っているんです。ＡＩの可能性はまだまだ広がっていきます」

と力を込める。

現在も、「ＩＭＸ５００」に関して、ＡＩモデルの最適化、検証、データ処理、ライブラリ開発などを行っている。

働きやすい環境と成長実感を与えられるか

働き方改革の視点でいえば、ＳＳＳの開発の現場では、柔軟な働き方が許容されている。楊の場合、夜型なので、朝の始業時間は遅いタイプだ。現在は対外的な仕事は少ないので、時間の制約も少ない。在宅勤務も活用している。

新型コロナ禍で普及した働き方の多様化は、一部の企業では「在宅勤務制度の廃止」「原則出社」といった形で揺り戻しがきている。今後も、在宅勤務と出社の割合や制度には、流行り廃りがあるだろう。

しかし、重要なのは社員が、効率よく最大のパフォーマンスを発揮できるかどうかである。在宅勤務を推奨するか、禁止するかという議論ではなく、どうすれば社員の高いパフォーマンスとエンゲージメントを維持できるかが議論されるべきだろう。

その点、ソニーでは、現在も、在宅勤務を含めた多様な働き方を許容する。社員のパフォーマンスの最大化とエンゲージメントにつながると考えているからだ。

仕事と休みの緩急もある。楊の趣味は、カメラである。休日には、首都圏の公園や植物園などを訪れ、季節の花を写真におさめる。ＡＩという最先端技術に携わりながら、花など自然に視線を向けるところがおもしろい。愛用しているのは、ソニー製のセンサーを搭載しているキヤノンの「ＥＯＳ Ｋｉｓｓ」だ。もっとも、ほしいものを尋ねると「ソニーのミラーレス一眼カメラ『α』が買いたいですね」と笑った。

若いエンジニアや、専門の知識を備える人材に、活躍の場と成長実感を与え、やりがいを感じさせられるか。生きがいといえるほど、仕事に没頭させることができるか。最大のパフォーマンスを発揮させられるか。彼らがそうした場を求めていることはわかっていても、それを与えられる企業は多くない。

ソニーと楊は、この点について相思相愛だ。そんな人材がたくさんいることが、ソニーの強みである。

第5章

個を尊重、管理しないマネジメント

ソニーグループには、さまざまな属性や経験を持ち、多様なスキルや専門性を備える個が集う。彼ら１人ひとりが創造力を解放し、未来をつくり出していく。

ただし、クセの強い個を生かして成果を上げるのは、簡単なことではない。ソニーは彼らをどうマネジメントしているのか。いかにしてやる気を引き出し、チームやプロジェクトを的確に動かしているのか。

上から指示を出し、管理する方法は通用しない。そのかわり、リーダーとメンバーの間には、互いへのリスペクトがあり、徹底した対話がある。対等な姿勢で向き合い、とことん議論するのだ。

それは、個を尊重する風土から生まれた、ソニー独特のマネジメントである。多様な個の総和を事業の成長につなげる秘密が、ここにある。

多様なチームをまとめるのはリーダーの「対話力」

下川僚子 しもかわ・りょうこ

ソニー
イメージングエンタテインメント事業部 クラウドビジネス室
ゼネラルマネジャー
2000年入社

おしゃべり好きだ。
いつの間にか会話のペースを握っている。
ゼネラルマネジャーとして活躍するのもうなずける。
後日お会いした際、
「いまはAIによるフェイクを見抜く技術を手掛けています」と
語る様子が、頼もしかった。

個の力を引き出す中間管理職

ソニーのイノベーション力とクリエイティビティの源泉は、個を尊重する企業文化にある。米国の経営学者ピーター・ドラッカーの名言の通り、「企業文化は戦略に勝る」――だ。

さまざまなバックグラウンドや経験を持つ個性豊かな社員が、異なる視点やアイデアを持ちよるからこそ、新しい発想やアプローチが生まれ、組織が活性化する。個の尊重は、ソニーのDNAレベルで刷り込まれた強みである。

ただ、個を尊重するといっても、仕事は組織を通して行わなければいけない。その意味で、自己主張の強い社員のマネジメントは一筋縄ではいかない。個性豊かな個にそれぞれハイレベルなパフォーマンスを発揮させ、組織のエネルギーを引き出すフロントマネジメントの役割は大きい。現場のネットワークを機能させるフロントマネジメントの質が問われるのだ。

「1人ひとりに最大限のパフォーマンスを発揮してもらうためにはどうするべきかを考えて、コミュニケーションをしてきました。それは、チームが大きくなっても、働き方が変わっても同じです」

そう語るのは、ソニー株式会社イメージングエンタテインメント事業部、クラウドビジネス室のゼネラルマネジャー（統括部長）を務める下川僚子だ。

下川は、大学・大学院時代に情報工学を専攻し、ソフトウェアのアルゴリズムに関する研究を行った。学生時代から、ウォークマンや「ＡＩＢＯ」のような、エンタテインメント性あふれるソニーの商品に魅力を感じ、自身も「人を感動させるものづくりをしたい」という思いを募らせた。

ソニーの就職試験の際、彼女は面接担当者に「一発当てたい――」と豪語した。というと、失礼ながら〝猛女〟を想像しがちだが、まったくそんなことはない。大阪・池田生まれ、自身を〝おしゃべり〟と笑って謙遜する、挑戦する女性だ。

ソニーに入社したのは２０００年で、モバイルの事業部でソフトウェアエンジニアとして、キャリアをスタートさせる。当時は、２つ折りのケータイ、俗称ガラケーが爆発的に増えた時期で、モバイル事業でもソフトウェアエンジニアを拡充していた。３年間、アプリケーションやＬＣＤ（液晶）パネル制御ブロック開発などに従事した。

その後、希望してカメラの事業部に異動し、カメラのＵＩ（ユーザーインターフェース）開発に携わる。手掛けたのは「ハンディカム」の開発だ。カムコーダー（撮影をするビデオカメラ部分と記録するＶＴＲ部分が一体化した機械のこと）用のアプリケーションやフレームワークなどのソフトウェアだ。その後、ミラーレス一眼カメラの「α」やデジタルスチルカメラの「サイバーショット」といった静止画を撮るカメラの開発メンバーと一緒に、ソフトウェアの開発を進めた。

初めて「リーダー」にアサインされたのがこの時期だ。5人のチームだった。フロントマネジメントとしての一歩を踏み出した。

仕事人生で「眠れなかったことが2回ある」と語る。その1回が、「ハンディカム」と「サイバーショット」と「α」のソフトウェアの同時開発のときだった。

動画撮影と静止画撮影は、一見似ているようでいて異なる要素も多く、専門知識やニーズもそれぞれ違っている。開発における価値観や、機能の優先順位など、チーム内でのコミュニケーションに気を使う眠れない日々が続いた。

彼女は、多様性に直接触れる機会にも恵まれた。カメラのソフトウェア開発をインドの拠点にオフショア（海外に委託）することになったからだ。

当時、インドにはソニーの拠点があり、優れたソフトウェア人材が多くいることで注目されていた。下川は、インドでのオフショアチームの立ち上げのプロジェクトに参画した。彼女にとって初の海外プロジェクトだ。

「日本人は細かいし、文書にもよく残すということに、インドにいって気づきました。インド人はもっとおおらかで、リップサービスも多い。できるというので、できるのだろうと思っていると、そうではなかったというようなことがありました」

一度出向くと1～2週間という単位で滞在し、現地のメンバーとコミュニケーションしながら仕事を進めた。

当たり前のことを褒める

13年、「α」や「サイバーショット」のUIを扱う課の統括課長に昇進した。デジタルカメラを使いやすくするUIの設計は、液晶画面に表示される設定メニューなどの操作画面を考案し、それを設計、実現する。そのためのソフトウェア開発も行う。

数十人の社内の部下に加えて、協力会社からきているメンバーもいた。彼らをまとめ、ミッションの達成に向けてリードしていくことが求められた。マネジメントとしての責任は一段と大きくなった。

「5人のチームなら、誰が何をしているか、みんな把握できますよね。人数が増えて、すべてを掌握できなくなったときに、リーダーやマネジメントの意義をいちばん感じたし、考えさせられました」

と、彼女はいう。

たとえば、あるアプリケーションを開発するというミッションがあり、そのために必要な仕事にメンバーをアサインしていく。当然ながら、メンバーは十人十色、その能力や性格はバラバラである。仕事が早い人もいれば遅い人もいる。細かい性格の人もおおらかな性格の人もいる。組み合わせ方によってはパフォーマンスが下がってしまう。メンバーを入れ替える場合、外れたメンバーに何の仕事をしてもらうのがチームとしてもっともパフォーマンスが上がるのか。そこまで考えるのが課長の仕事だ。

「その人の特性に合わせて、最大限のアウトプットを出してもらえる仕事にアサインしなければいけません」

個性、プライドの強い人たちは、必ずしもマネジメントの狙い通りに動いてくれない。それは容易ならざるチャレンジだった。

しかも、当時のカメラ事業には、特別なむずかしさがあった。というのは、ソニーは06年1月、コニカミノルタのデジタル一眼レフカメラ事業の一部を取得していた。下川が率いるチームは、生え抜きのソニーの社員と、コニカミノルタから転籍してきたメンバーとの混成チームだった。そうした異なるバックグラウンドを持つメンバーをまとめるのは容易なことではない。

下川は、あることに気をつけていた。

「対話」である。チームを機能させるため、1人ひとりのケアを欠かさず、3か月に一度ほどは面談し、キャリアアップの計画を一緒に立てると同時に、新しい目標を与えていく。

「その際、大事なことは、すべての人を尊敬する、ということですね。たとえば、自分のほうが詳しい分野であったとしても、相手を1人の人として見ると、尊敬すべきことや学ぶべきことは絶対にあるので、相手をリスペクトすることです。いまも、つねにそう心がけています」

相手をリスペクトするというのは、どのようなことを指すのか。彼女は、次のように説明する。

「1人ひとりの仕事ぶりを見ていると、できていないことに目がいきます。だから、反対にその人の得意探しをよくしています。その人が秀でているところを見つけて、対話するようにするんですね。進捗確認をしながら、ここはできていないよね。でも、ここはすごくできていると……。日本人は、褒めるのが下手だといわれますが、当たり前だと思うことでも、できたことを褒めればいいんです。オンスケジュールでできたねとかいって……」

一般的にいって、褒めるべきことはわかっていても、恥ずかしさや照れからなかなかできない人が日本人のマネジメントには多いのではないだろうか。

下川には、日本人特有の照れがない。人懐っこくおしゃべり好きで、人好きのするタイプだ。大阪人特有の軽やかさがある。部下からすれば、話を聞いてくれる、対話しやすいタイプの上司なのだろう。

「おしゃべりは好きです」

として、下川は次のようにいう。

「私はおしゃべりなんですが、相手にしゃべってもらうようにはしています。興味を持って『ここはどうなんですか？』と軟らかく質問して話をしてもらいます」

つねに、部下とのコミュニケーションを心がけているのだ。

〝報われる瞬間〟を伝える

「ソニーって、我が強くて、やりたくない仕事はやりたくない、というタイプの人が多いんです。やりたくない仕事を一応やったとしても、やっぱり、やりたいことをやっているときや、やる意義を感じてやっているときに比べると、アウトプットの差が大きく出てしまいます。その人にあったやり方を把握することが必要なんですね。自分が成長できないといやだという人もいれば、1年ごとに異なる仕事をしたい人もいる。同じ仕事を突き詰めてやっていきたい人もいますよね。だから、多様性の許容が必要なんです」

問題は、個の思いと会社の期待がミスマッチな場合だ。

「会社と、個人の方向性をできるだけうまく合わせる工夫はしなければいけません」

と、下川はいう。

ソニーには「Ｐｕｒｐｏｓｅ」がある。マネジメントは個の意欲や希望を吸い上げ、「Ｐ

urpose」と方向を合わせてマッチングさせる。両者の結節点にいるマネジメントの力量が問われるわけだ。

「本人の希望はもちろん聞くのですが、私自身の意思を伝えるようにしています。会社の目標がこうで、組織の目標がこうだから、いま、これをやっている。ぜひ一緒にこれをしてほしい、と伝えます」

目的をきちんと相手に伝えることで、「納得」してもらえなくても「理解」してもらうことはできる。全員がいつも「やりたい仕事」ができるわけではない。「やりたくない仕事」をしなければいけない場面は必ず生じる。そのことは、最低限理解してもらわなくてはいけないと、下川は考えるのだ。

また、やりたい仕事をしていても、壁にぶつかることがある。モチベーションが上がらないこともある。それでも前に進んでいくためには、乗り越えたあとに何が生まれるのかを伝えておくことが重要だという。

「みんな大変な思いで仕事に取り組んでいます。頑張って壁を突破してもらうためには、ユーザーが喜んでくれるとか、こんなに便利になるとか、〝報われる瞬間〟があることを伝えることが必要だと思うんです」

つねにチームのメンバーの1人ひとりと対話する時間をとるように心がける。プロジェクトの進捗が厳しいと思われる場面でも、顔には出さずに「大丈夫、できるよ」と笑顔で話す。彼女流のリーダーシップの取り方だ。

眠れなかった「メニュー画面の刷新」

ソニーは21年、「HCD（人間中心設計）」の専門家を認定する制度をスタートさせた。下川は、その第1期に認定された8人のうちの1人である。

「HCD」といえば、下川にとって忘れられない仕事となったのが、αシリーズ「α7SIII」のメニュー画面の刷新だ。

じつは従来、あるカメラのレビューサイトでは、αシリーズのプロコン（メリット・デメリット）ページで、Cons（よくない点）の欄に「メニュー」と書かれる状態が続いていた。つまり、メニューが使いにくいというユーザーの声である。

しかし、スマートフォンやパソコンのメニュー画面を考えればわかる通り、「設定」の画面のなかに表示されるメニューなどの順番は、ユーザーが慣れているほど変えづらい。いつものところに、いつもの表示が出ないと、どこを操作していいのかわからなくなってしまうからだ。

下川らは、このメニュー画面の刷新にチャレンジした。

「まず、ユーザーを知るところから始め、何がいちばんいいのかの検討に時間をかけました。たくさんのユーザーにヒアリングし、何通りもプロトタイプをつくって、実際に使っていただいて意見を集め、議論を重ねて、最終的に製品化したんですね。1年くらい試行錯誤しました。そのあと製品化までにもう1年かかりました」

上級者向けの機種のため、プロのフォトグラファーなどを対象にリサーチしていく。わかりやすくいえば、星空を撮るカメラマンとスポーツカメラマンでは、カメラの使い方は異なる。どういうユーザーがどういう使い方をし、どのメニューをよく使い、どの画面が早く出てくると使いやすいのかなど、検証を進めていった。誰もが満足いくデザインを探して、日米欧を中心に世界規模でリサーチを行った。

ユーザーへの影響が大きいだけに、緊張を強いられる開発だった。もしユーザーに満足されないものになってしまったとしても、簡単にメニュー表示を変えるわけにはいかない。

「眠れなかったですよ」

2回目に眠れなかったケースだ。

実際、開発終盤は、開発を間に合わせ、生産準備を進めるために物理的にも眠る間のない忙しさだった。大きなプレッシャーがのしかかり、精神的にも眠れなかったのだ。

幸い、「α7S III」のリリース後、ユーザーからの反応は上々だった。UIやUXの評価は、何か1つが良い、というよりは全体的な使いやすさで評価される。全体的にバランス良く使い方に見合ったデザインがなされているかという満足度で評価されるため、高評価を狙うのはむずかしいとされるなかでの反応の良さだった。

もっともうれしかったのは、リリース後、「よくない点」の欄から「メニュー」が消えたことだった。それだけ、ユーザーに近づき、使いやすいデザインになっていたわけだ。

「あれ、あったよね」をつくりたい

直近、下川は週に2〜3度の出社ペースで、自宅でのリモート勤務も多い。現状、業務に支障はないという。

むしろ、新型コロナ禍を経てリモート勤務が当然の時代に入社した若い世代に対し、下川は好意的だ。

「最近の若い人たちのほうがしっかりしていると思います。いろんな情報があふれる時代のなかで、自分で選択をしてきているからでしょうか。発言も多いし、発信力がありますね」

と、評価する。

好奇心旺盛な下川は、プライベートでは、アートやグラフィックデザインに興味を持ち、通信制の大学に通い、20年に芸術学士を取得した。バツグンの行動力だ。休日には、絵を描いたり、本を読んだり、ゴルフやジムなどリフレッシュできることをして過ごすことが多いという。家事は夫と分担する。

最後に「夢」を尋ねると、次のような答えが返ってきた。

「ソニーに〝あれ、あったよね〟と思われるような商品をつくりたいです。ものすごくたくさん売れたとか、何かの草分け的な存在になるとか、いろいろな貢献の仕方があると思うのですが、〝あれ、あったよね〟と思い出してもらえるような存在感のあること、新しい体験や、びっくりするような体験を提供できるといいなと思っています」

入社試験の面接の際、「一発当てたい――」と豪語した夢を、いまなお心に秘めているのだ。それは、言葉をかえていえば感動だろう。

半導体の躍進を支える
“鉄人”の志

柳沢英太 やなぎさわ・えいた
ソニーセミコンダクタソリューションズ
システムソリューション事業部長
2005年入社

ニュージャージーで生まれ、4歳まで米国で育った。
中学から体育会系のバスケットボール部に所属した。
持ち前の体力とエネルギー、志の高さで、
半導体事業を引っ張る。

片道切符でアメリカへ

ソニーのイメージング&センシング・ソリューション事業（半導体）が好調だ。グループの利益の2割近くを占める稼ぎ手であるばかりか、テクノロジーを支える核心的な存在である。

神奈川県厚木市に本拠を構える半導体グループは、かつて売却の可能性も報道されるなど、逆境に立たされたことがある。以下、ソニーの半導体の躍進を縁の下から支えてきた、知られざる営業マン、ソニーの〝鉄人〟の物語である——。

その男とは、ソニーセミコンダクタソリューションズでシステムソリューション事業部長を務める柳沢英太だ。経営工学を専攻した院卒で、2005年にソニーに入社した。最初に配属されたのは半導体事業の企画管理だった。

「最初の1年はつらかったですね。半導体のビジネスは特殊で、大学院で学んだことが通用しない。自社の製造事業所に巨額の投資をして固定費を抱えつつ、回していくビジネスです。リスクが高く、スリリングでした」

と、振り返る。

2年目からは、事業部の経営管理に異動して3年間事業部を見た。

転機が訪れたのは、入社4年目の08年。ある朝、当時の半導体事業のトップだった斎藤端(ただし)に呼び出され、いきなり、こういわれた。

「アメリカにいってくれ。片道切符だ」

柳沢は、「意味がわからなかった」と振り返る。思わず「どうしてですか」と、問い返した。

「これからのソニーが生き残るためには、プロダクト(注・この場合、現場)を知っている人間が育つ必要がある」と、斎藤はいった。

斎藤は、半導体の逆転劇の目玉として、モバイル向けイメージセンサーの市場拡大を考えていた。その〝斬り込み隊長〟として柳沢を指名したのだ。

「これまでいた管理部門ではなくて、セールス&マーケティングのポジションでいってきてほしい。それも、米国市場が立ち上がるまで頑張ってきて、ということだったんですね」

と、柳沢はいう。

〝できる〟と見込んだ社員には、思い切り厳しいミッションを託す。それが、ソニーの法則である。09年、柳沢は米国に赴任した。28歳だった。

無名のイメージセンサーでアメリカ市場を切り拓く

当時の米国では、ソニーのテレビ、デジタルカメラ、オーディオメーカーとしてのブランド力は抜群だったが、ソニーのイメージセンサーはまったく知られていなかった。

「いちばん厳しい環境を見るために、シリコンバレーへいってほしい。それがソニーの将来を支えるんだ」

と、斎藤はいった。

「斎藤さんは、ご自身がアメリカにいた経験から、アメリカ市場がいかに重要かわかっていたんだと思います。思いっきり突き放されましたが、でも愛情を感じましたね」

柳沢は、一から営業を開始する。大手メーカーに売り込みをかけた。猛烈に働く日々が始まった。昔流の〝ドブ板〟営業、彼の言葉によると、〝土下座〟営業である。当初は、早朝に呼び出され、ドタキャンされるようなことさえあった。

「日本では名のある企業でも、アメリカでの認知度はゼロ。通じなかった。厳しかったですね……。鍛えられました」

と、苦笑いする。

商談には、技術者が同行した。製販技一体の営業だ。誇り高い技術者にしてみれば、国内のデジタルカメラ市場で絶好調のイメージセンサーをなぜ、頭を下げて売り込まなければいけないのかとなる。だが、柳沢にしてみれば、〝土下座〟をしてでも買ってほしい。武器は、技術力である。

「イメージセンサー技術は、いまも昔もソニーがナンバーワン。この点は、売りやすかった」

と、柳沢はいう。実際、出荷後の市場不良はゼロ。大きなセールスポイントだった。

ただし、日米では、営業スタイルが異なる。米国流のビジネスの洗礼をしっかり受けた。

「ベタな営業ではダメ」と柳沢はいうが、当然、日本流の接待は通用しない。求められるのは、顧客の課題解決能力だ。ひたすら真摯に、相手のプロダクトにとってプラスになることを考え抜く。それが、彼らに気に入られるための最善策だ。つまり、提案型の営業である。

契約書のつくり方も違った。米国の取引先との契約書を東京本社に回すと、「この条件では契約できない」と、大量の修正が書き込まれ、真っ赤になって戻ってきた。それをそのまま取引先に渡しても、「それはのめない」と突き返されるのが落ちだ。1つひとつ確認しながら、東京本社に説明し、取引先を説得しながら、すり合わせていった。根気のいる仕事だった。

「昼はアメリカで顧客とすり合わせ。夜は日本を説き伏せる」

眠る時間がなかった。ただ、中学から大学までバスケットボール部に所属した彼は、体力には自信があった。

イメージセンサーを採用してくれる企業が見つかった後も、眠らぬ奮闘は続いた。連日、飛行機に乗って、全米に散らばる顧客の〝御用聞き〟に歩いた。睡眠は機中でとった。

つねにサプライチェーンの報告が要求された。取引先も命がけだ。日本の熊本の製造事業所からイメージセンサーが届かなければ、スマートフォンの生産ができないからだ。何個生産され、いつ出荷され、どの飛行機の便に乗って、いつこちらに届くのか。生産が間に合わないとなれば、柳沢らは日本に戻って、必要な個数が生産されるまで見守った。

「向こうも寝ないから、私も寝ない。それくらい徹底して付き合う。我ながら本当によく頑張ったと思います」

それにしても、なぜ、彼は〝鉄人〟と称されるまで働き続けたのか。その理由についてはのちに触れる。

米大手メーカーなどへの採用が広く知られたことで、ソニーのイメージセンサーの認知度は飛躍的に上がった。ブランド力向上効果は絶大で、12年ごろになると、スマートフォンメーカーだけでなく、その周辺のパートナーなどITジャイアントと呼ばれる企業への売り込みにも成功する。米国のイメージセンサー事業は完全に軌道に乗り、14年、柳沢は無事、帰国の切符を手に入れた。

半導体も「モノ」から「こと」へ

帰国後のミッションは、国内の営業部隊の強化だった。しかし、わずか2年で、ソニーセミコンダクタソリューションズ社長の清水照士に「卒業」をいい渡された。

「営業分野だけじゃなくて、次は事業全体を背負ってくれ」

M&Aやアライアンス（協業）を含めた、ソリューション事業の立ち上げの主導だ。19年6月には、システムソリューション事業部が発足し、柳沢は21年10月、その事業部長に就任した。23年度のイメージセンサーの金額シェアは53%で世界トップ、25年には60%を目指す計画だ。

もっか期待を集めているのが、積層技術を生かし、ロジックチップにＡＩ処理に特化したプロセッサを搭載した「ＩＭＸ５００」だ。イメージセンサー内でＡＩ処理を行い、必要なメタデータだけを出力する。データ量や、通信コストの削減につながり、消費電力は画像をそのまま出力した場合に比べ、およそ７４００分の1で済む。

この技術は、ＩｏＴの時代に大きく花開く可能性を秘めている。柳沢は、こう語る。

「ＩｏＴに使われるセンサーの多くは、気圧計とか温度計などデータ量が小さいものが多い。イメージセンサーは、複雑でデータ量が大きいため扱いにくい。でも『ＩＭＸ５０

0』なら、データ量を小さくして扱えるようになる。そこがソニーの強みです」

「IMX500」を通じてリカーリングビジネスへのチャレンジも進める。パートナー企業は、クラウドベースの「AITRIOS」と呼ばれるエッジAIセンシングプラットフォームで、さまざまなソリューションを簡単かつ短期間に開発できる。

「IMX500」や「AITRIOS」を売るのは、簡単ではない。技術は超高度な一方、顧客はその使い方や便利さ、可能性に気づいていないからだ。実際、景色などを撮るカメラにイメージセンサーを使う用途ならわかりやすいが、「IMX500」は画像から必要なデータや情報だけを取得するセンシング用途のイメージセンサーだ。具体的にどう使うのか。

わかりやすくいえば、スマホのカメラにソニー製のイメージセンサーが使用されていれば、そのスマートフォンという「モノ」が売れればいい。しかし、センシングに使う場合、「映っている人の数をカウントすることでバスの便数を最適化できる」「人が倒れたことを検知することで、スタッフが駆けつけることができる」といった用途は、顧客がまだ気づいていない使い方であり、使いやすい形を考えて提案しなければ売れない。これが「こと」を売るむずかしさだ。

バス停の例でいえば、専用のAIを開発し、AIカメラを使って便利なオペレーションができるということを、まずは顧客に知ってもらい、提案して使ってもらわなくてはいけない。

すでに物流倉庫や小売業などで、「ＩＭＸ５００」と「ＡＩＴＲＩＯＳ」によるソリューションが導入され始めた。三井倉庫は、トラックの荷物積み降ろし場に「ＩＭＸ５００」搭載のカメラを設置し、倉庫の利用状況を自動取得するソリューションを導入している。ドライバーの不要な待ち時間や倉庫内従業員の作業時間の短縮に寄与している。また、セブン-イレブンなどのコンビニエンスストアは、デジタルサイネージに向けられた視認を自動検知し、視聴人数や視聴率を把握するソリューションを店舗に導入している。カメラに映る人を特定できないよう処理できることから、プライバシーへの配慮があることも高く評価されている。

半導体ビジネスもいまや「モノ売り」から「こと売り」へと転換している。急速に進化が進む分野である。

「1年で現場の様子がまったく変わる世界です。永遠に現場を見続け、アンテナを高く掲げていないと、お客さんに必要な製品をつくることはできないと思います」

という。

〝鉄人〟を突き動かす感動体験

イメージング&センシング・ソリューション事業は、24年3月末時点の社員数1万9700人、23年4月時点の事業拠点は13か国32を数える。世界中に社員が散らばる環境で、柳沢は相変わらず、寝る暇もなく、世界を飛び回っている。彼の中で、つねにマグマが沸騰している。

「アメリカ時代の5年間は、人生に2度とこんなにつらい時期はないと思いましたが、正直、いまのほうがつらい」

といいながら、〝鉄人〟は余裕の笑いを見せる。

彼はなぜ、自分を追い込むように仕事に突き進むのか。そこには、隠されたエピソードがある。このことは、これまで社内でもほとんど語っていない……と一瞬、躊躇（ちゅうちょ）しながら重い口を開いた。

——母親を早くに亡くした。彼の記憶に、母親の姿は一度も登場しない。中学生になったある日、姉が1本のビデオを見せてくれた。家庭用のソニーベータビデオカメラで撮影された、姉の運動会のテープだった。ソニー製テレビの画面に、姉と母親が走り回る姿が映し出されているではないか。彼はこのとき、初めて母親が生き生きと動いている姿を見た。衝撃が走った。

と同時に、感動が彼の胸に押し寄せた。画面に映し出された母親の姿は、強烈な体験となって心の奥に染みわたった。思いがけないプレゼントをもらったようなものだ。その感動が、柳沢を突き動かす起点となった。それ以来、彼はソニーに〝恩返し〟をするつもりで、働き続けているのだ。

「だから、僕にそんな思いをくれたソニーという会社は、世界のナンバーワンであってほしいなと思うんです。最初からソニーをナンバーワンにすると決めて入ったんです。『つらかった』っていいましたけど、ホントは大変でもなんでもない。志は決まっているんですから」

彼は、ソニーの感動体験の体現者だ。ソニーがもたらす感動の価値を、誰よりも深く知っている。その感動体験をもっと広げたい。テクノロジーを使って、世界に感動を届けたい。だから、必死に働く。

「何があっても、気にしないのは、自分は違う軸でやっているという思いがあるから」

という。

柳沢が〝鉄人〟のごとく、ソニーと一体化して仕事に邁進（まいしん）するのは、ソニーという会社が情熱を傾けるべき対象であり、貢献したいと思わせる存在だからである。

「仕事がストレス解消になっている」

と、彼はいいきる。

イメージセンサーは今後、スマートフォン市場の伸び率低下が予想されている。自動車への搭載、ＡＩカメラの普及の重要性が、これまで以上に増すのである。〝鉄人〟は、これからも大忙し間違いなしだ。
昭和のモーレツサラリーマンとは違う、令和の仕事人の姿がそこにある。

東欧、アメリカ、スポーツ……
仕事の答えはすべて
「現場」にある

河野 弘 かわの・ひろし

ソニー

執行役員 常務

（肩書は2022年秋の取材当時）

1985年入社、2024年退任

6大学の野球部出身。
〝エンジョイ ベースボール〟のアメリカ野球に憧れた。
「そのアメリカにいける会社に入ろう」と考えたのが
志望動機という。出身地・博多への愛は強烈だ。

「アキバ」がビジネスの原体験

「ソニーは、どういう会社ですか」

そう聞くと、彼は少し考えたのち、こう答えた。

「僕みたいな人間が受け入れてもらえる会社ですよ」

長年、ソニーを取材して、この会社にはおもしろい人が多い、魅力的な人が多いと感じる。なぜ、そう感じるのだろうか。自分の思うがままに、積極的に人生を切り拓こうとする人がたくさんいるからだろう。

河野弘もその1人だ。その前向きで意欲的な生き方は、ソニーの企業風土とぴったり合致する。

しかし、彼のソニーでのキャリアは、じつは世の中の動き、トップの意思などにより、自身の希望とは関係なく挑戦を強いられ、形成されてきた。

異動先はつねに知見のないところで、毎回、ゼロからのスタートを余儀なくされた。周囲には河野に同情する声もあったが、その経験によって、彼はマルチなビジネスマンに成長していった。

河野は、ソニー株式会社執行役員常務を務める。大学在学中、6大学野球で活躍した。

俗にいう知的体育会系である。2塁手だった。

野球少年の彼は、「将来は、プロ野球選手になるんだ」と心に決めていたが、かなわなかった。就職では、出身地である九州に帰ると決め、ローカルのテレビ局に内定が決まっていた。しかし、ある高校の先輩にいわれた。

「君はまだ九州に帰ってくるな。ぐるっと回ってから帰ってこい」

だったら、世界、とくにアメリカにいけそうな会社にしよう、と考えた。ベースボールの国、アメリカに憧れがあった。自由な雰囲気が自分に合いそうだと感じ、大学4年生の9月に、ずいぶん遅い就活であるが、ソニーの面接を受け、1985年、ソニーに入社した。

入社前の面談で、どこの部署にいきたいかと聞かれ、「いちばん、お客さんに近いところ」と答えた。国内営業からキャリアをスタートすることが決まった。

彼の現場主義は、ここから始まった。つねにビジネスの最前線に立つ。彼は、顧客や販売店の視点から、ソニーがどう見られているかに関心があった。現場を離れ、机上で理論や理屈をこねまわしても、何の問題解決にもならないことを知っている。現場には、さまざまなビジネスのヒントがあるというのが、彼の考え方だ。

「じゃあ、いちばんきついところにいかせてあげよう」といわれて、世界有数の電気街の東京・秋葉原、通称アキバが最初の勤務地に決まった。2年間、大手量販店の営業、戦略新商品の立ち上げを担当した。かきいれ時の週末は店頭に立った。「大変でした」というが、体力には自信があった。

彼は現場で、「お客の目線でものを見ることの大切さ」を学んだ。エンジニアの視点で〝最高のスペック〟を実現したソニー商品が選ばれない場面を目の当たりにした。一部の社内の技術者は「商品の価値を理解してもらえない」といった。「違う。お客さんに選ばれる商品が、いい商品なんだ」と、考えるようになった。プロダクトアウトではなく、マーケットインだ。彼のビジネスの原体験である。

「若くて体力があって、バカなやつ」

その後、本社勤務を経て、念願だったアメリカ行きの切符を手にした。ところが、予想外の展開が待っていた。ある日、「大賀さんが呼んでいる。いってこい」と、人事部長に告げられた。社長の大賀典雄が、20代の平社員に直々に声をかけることは、普通あり得ない。

「君は、〝東〟にいくんだ」

社長室に足を運んだ彼は、いきなり、そういわれた。アメリカ行きの研修中だった彼は、てっきり米国東海岸だと思った。大賀は続けた。

「〝東〟はいま、熱いんだ。歴史が大きく変わろうとしている」

「アメリカの東で暑い」気候の場所ということは、フロリダ方面か？　しかし、どうも話が噛み合わない。

「アメリカの東海岸ですよね」と彼が念を押すと、「何をいってるんだ」と一蹴された。

〝東〟は〝東〟でも東欧だといわれた。

　１９８９年、ベルリンの壁が崩れ、その2年後ソビエト連邦が崩壊した。東欧ビジネスのチャンス到来とばかり、社長直轄プロジェクトが立ち上がった。「東欧に誰か送れ」という業務命令が人事部に飛んだ。大賀は、「若くて体力があって、バカなやつ」という条件をつけた。

　ここで誤解のないように「バカなやつ」の説明をしておかなければいけない。東欧では、共産主義が崩壊し、秩序がひっくりかえったわけで、常識は通用しない。堅物ではダメだ。頭でっかちでまじめなやつも無理だ。求められるのは、キモの据わった、「鈍感力」のあるやつだ。若さと体力も必要だ。「ちょうどいいのがいます」と、人事部長は知的体育会系の彼を推薦したのだ。彼は、東欧行きを辞退した。

「やっぱり、君はバカなやつだなあ」

　と、大賀はいった。

　社長直轄プロジェクトに指名されるのは名誉だ。嬉々として受け入れるのが普通だ。それを蹴るとは、「なんてバカなやつだ」ということになる。社長室から戻ると、「どうだった」と、人事部長が尋ねた。「バカだ」といわれましたと答えると、「決まりだな」と人事部長はいった。

河野は翌90年、東欧に渡った。27歳だった。現地の混乱は、想像を超えていた。50年間ソ連の実質的な支配下にあったのだから、まともな会社はない。オフィスもない。社員もいない。顧客もいない。まともな法律もない。ないないづくしの文字通りゼロからの出発を強いられた。

営業、サービス、経理、輸入業務、採用など、すべてをこなした。馬力に任せて働きに働いた。「鈍感力」全開だ。4年間で、ポーランド、チェコ、ハンガリーなど、主要国で販売会社を立ち上げた。経営力が一気に身についた。以後、彼はマネジメントの道を歩むことになる。

課長となって帰国した。本社の経営企画のポジションでCFO（最高財務責任者）のサポート役だった。その後、社長に就任することになった安藤国威のサポート役を申しつけられた。〝カバン持ち〟だという。彼は、「しまった、後手に回った！」と安藤のもとを訪れた。

「安藤さん、お願いします。僕、そろそろ現場に戻してほしいんですよ」と、直談判した。2人は、押し問答になった。「じゃあ、1年でお願いできませんか？」と、彼は妥協案を提案したが、安藤は納得しなかった。

「ダメだよ、1年じゃあ。3年はやってほしい」「じゃあ、間をとって2年」

彼は、「ソニーに長くいようと思ったことがなかった。いまでもそうです。だから、上の人に対して、いいたいことをいってきました」と、前置きをして、次のように語るのだ。

「大好きな故郷の九州の博多に、ずっと帰ろうと思っています。その覚悟があるから、これっぽっちも会社に気を使わなかった」

東欧からの帰国後、東京に家を建てたが、会社のローンを使わず、銀行ローンを組んだ。「会社からお金を借りると、自分と会社の対等な関係が崩れかねないから」というのが理由だ。徹底している。

結局、3年務めた。「君だったら、いいことも悪いこともなんでもいってくれる」と、安藤に信頼された。

「安藤さんは、僕がいうことをちゃんと受け止めてくれました。彼のスタイルは、僕がマネジメントをするにあたっての1つのロールモデルになっています」

と、振り返る。

グローバル企業の経営者の傍（そば）で仕事をすることで得たものは大きかった。安藤から「アメリカにいってこい」といわれたときには、ちょうど40歳になっていた。

アメリカで何をやるか。河野の原点といえば、現場、そして顧客である。「お客さんに近いところから始めたい」と申し出た。送り込まれたのは、バージニア州のリッチモンド。そこで彼は、全米第2位の家電量販店サーキット・シティとのビジネスを統括するブランチマネジャーに就いた。日本人が就くポジションではなかった。異例中の異例だった。

その後、エレキ部門本社があるサンディエゴに異動し、顧客に直接商品を販売するeコマースに携わった。当時はeコマース勃興期で多くのベンチャー企業と付き合うことになった。

「アドバイザーとして加わっていたベンチャー企業の経営会議に出席していたのですが、衝撃を受けました。1時間で20個くらいの決裁事項を、すべて決めてしまう。参加者は事前に資料にすべて目を通していて、何がポイントかを見極めているから説明はなし、即議論が始まる、そんなスピード感で経営判断をしていたんです。このやり方を僕はいま実践しています」

このままずっとアメリカにいようと考えていた最中の2010年、またまた、辞令が下った。ソニー・コンピュータエンタテインメント代表取締役 社長 兼 グループCEOを務めた平井一夫から、「日本でゲームを担当してくれないか」といわれ、10年春、ソニー・コンピュータエンタテインメントジャパン社長に就任する。ゲームの世界はこれまた未経験。ゼロからの出発である。

河野の行動原則は、いつも「現場」に基づく。ゲームにおいても、「開発する人と、ゲーマーと呼ばれるファンたちをちゃんと理解していると、判断を間違えないと思った」と語る。

まずはクリエイターのもとに足を運んだ。「開発の現場の人たちがどんな思いでゲームをつくっているかを見たかった」という。「人に近づく」を、当時から実践していた。さらに、ゲームパブリッシャー（販売元）との関係にも気を配った。オフィスだけでなく、宴席でコミュニケーションをとることも多かった。

一方で、ゲームそのものを知らなければ話にならないと、朝7時に出社して、1人でゲームをやりまくった。

「プレイステーションのゲームは基本的に全部試しました。そう伝えてフィードバックすると、クリエイターの人たちは喜んでくれます。素人なりに、これはやりづらいとか、演出のポイントとかも、いろいろわかってきます」

2年ほど経つと、ゲームの開発者やパブリッシャーとの信頼関係ができあがった。次は、「ソニーマーケティング株式会社の社長をしてほしい」といわれた。まだプレイステーションを離れられないと感じ、2社の社長を兼務する形で、3年間にわたって引き受けた。大変な激務となったが、両社のマーケティング連携、人材交流が劇的に進むことになった。

スポーツビジネスを推進

河野はその後、サービスビジネスグループ長およびブランド担当を務めることになる。管轄は、スポーツ事業のほか、ＦｅｌｉＣａ（フェリカ）事業や、先端技術を駆使した映像制作ソリューションなどを提供するソニーＰＣＬの事業だ。とりわけ、６大学野球出身の彼にとって、スポーツビジネスは、うってつけだ。

「スポーツ事業をやることになったのはありがたい縁だと思います。スポーツを愛し、アスリートやスポーツ団体の思いも理解する者が事業をやるとなれば、安心感はあるでしょうね。僕自身もスポーツの力を心から信じていて、もっと盛り上げて、ファンに楽しんでもらいたいという気持ちが強い」

と、彼は、スポーツ界への恩返しを誓う。

ソニーのスポーツビジネスの推進役は、グループ会社ホークアイ・イノベーションズだ。ホークアイの審判判定支援サービスは、世界90以上の国と地域、25種類以上の競技で活用されている。サービスの1つであるサッカーのＶＡＲでは、得点かどうか、ＰＫ（ペナルティーキック）かどうかなど、きわどいシーンが起きた際、ビデオ審判員が映像を見て、主審のジャッジのサポートをする。また、人の視力の限界を超える速さでのラリーの応酬や、複雑なプレイが繰り広げられるテニスのイン・アウト判定などにも採用されている。

そのホークアイが新たに取り組んでいるのが、スポーツデータを活用したビジネスだ。20年から米国のメジャーリーグでも採用されているプレイ分析サービスは、画像解析技術とトラッキング（追跡）システムにより、球場全体のボールや選手の動き・骨格情報までをとらえてリアルタイムで解析、データ化。そのデータを使い、投手や打者のフォームや投球内容、打球やバットの軌道、野手の動きなど、フィールド上でのすべてのプレイをより精密に確認、評価し、CG映像化する。チーム力の向上を図る仕掛けだ。将来的には、プレイ中に選手同士が衝突した場合に、衝突の状況や衝撃の強さなどをデータから推察し、医者が診断に活用することも可能だ。投球フォームから身体にかかる負担を分析し、フォームを改善して故障を未然に防ぐこともできるという。

また、22年に新たにグループ会社に加わったビヨンドスポーツのビジュアライゼーション技術によって、スポーツの試合をリアルタイムでアニメ化して再現するなど、ファン層の拡大に向けた新たなスポーツエンタテインメントにも取り組んでいる。河野が英国で指揮し、成長事業の基盤をつくったソニーのスポーツビジネスは、今後さらなるサービス拡大が期待されている。

東欧革命、ゲーム事業、スポーツ事業の新規展開など、時には翻弄される形で、入社時にはまったく想像していなかったキャリアを、河野は積むことになった。その1つひとつが、現在の彼の血肉となっている。

終章

なぜソニーは「第2の創業」を成し遂げたのか

感動を"つくる"に貢献する

吉田憲一郎 よしだ・けんいちろう

ソニーグループ 取締役 代表執行役 会長 CEO
1983年入社

吉田さんの話は、理路整然としていてストーリーがある。
注力するゲーム、音楽、映画の各事業は、
創業者世代が仕込んだものだとあくまでも謙虚。
ソニーはこれまで感動を"届ける"ことに貢献してきたが、
今世紀は感動を"つくる"ことに貢献するという。
未来を射抜き、突き進むパワーを感じる。

ソニーに新たな息吹を

ソニーグループ会長 CEOの吉田憲一郎が社長就任後の2019年に打ち出した「Purpose」は、企業の間でたちまちトレンドになった。「Purposeについて講演してほしい」「Purposeの中身を説明してほしい」「Purposeのつくり方を教えてほしい」――などと、ソニーに問い合わせが殺到した。

吉田が定めた「Purpose」は、「クリエイティビティとテクノロジーの力で、世界を感動で満たす。」――である。

吉田は、「Purpose」のもとに、井深大、盛田昭夫の2人の創業者が築き上げたソニーに新たな息吹を注ぎ込み、〝昭和のソニー〟から〝令和のソニー〟へと転換を図った。ズバリ、「ソニーを変えた男」である。

創業者・盛田昭夫との対話

するりと音もなく、インタビューの場にあらわれた。入ってきただけで不思議な空気感が漂う。吉田憲一郎である。

大企業のトップにありがちな威圧感は、まったくない。これまでにないタイプの経営者といえる。自身を、「考え込むほうですね。わりと……」と語る。対話をしながら考えることが多いという。

後述するが、彼は、平井一夫CEO時代にCFOとして構造改革を行い、ソニー再生に辣腕を振るった。業績がドン底のときは無配も厭わなかった。記者会見の際、つねに眉間に縦皺を寄せ、苦悩する表情が話題になった。

そのせいか、気難しい印象があったが、実際に対面すると、むしろ、話しやすく、物腰も柔らかい。

業界では、親しみを込めて「憲ちゃん」と呼ばれているのも合点がいった。18年のパナソニック元社長（現会長）の津賀一宏のインタビュー直前、吉田のソニー社長就任の一報が飛び込んできた。私がそう報せると、「ああ、憲ちゃんか」といって、津賀が一瞬、顔をほころばせたのが思い出される。

熊本で生まれ、鹿児島で育った。鹿児島でもっとも古い歴史を持つ県立の進学校に学ぶ。東京の大学に進学するまで、九州から一歩も出たことがなかった。「外に出たいという気持ちはなかったのですか」と聞くと、「いや、どうですかね……。東京にはいってみたいと思っていましたけどね」と、さらりと答える。

父親は、地方裁判官で、九州内を転々とした。吉田はそのたびに学校を変わった。転校の繰り返しが、自己形成に影響を与えたのは想像に難くない。転校先では、まず周囲をじっくり観察し、やおら動くタイプだったのではないか。沈思黙考するのは、いまも変わらない。いったん立ち止まって自らの立ち位置を見つめ、広く深く思索をめぐらせる姿勢は、吉田が大人になる過程で培った独自の強みと思われる。

先走っていえば、「思索する経営者」である。戦略的な思考と目標達成に向けた強い意思と覚悟を併せ持つ軍師のイメージに近い。三国志の諸葛孔明を思い起こさせるといったらいいだろうか。

就職の動機がおもしろい。経済学部卒業後、学友の多くが官庁や金融機関に進む中で、ソニーを選んだ。

「頭のいいヤツがみんな金融機関にいくから、そういうところは避けようという〝競争戦略〟みたいなものでしたね」

そう説明する。

1983年に入社し、IR関連の部署で働いた後、2年間、家電量販店の法人担当業務に携わった。営業マンである。人並みに平凡なサラリーマン生活のスタートだ。

「秋葉原にいたときに、突然、ニューヨークのソニー・コーポレーション・オブ・アメリカへ赴任することが決まりました」

忘れられないのは、赴任先のニューヨークでの盛田との対話である。盛田とはそれまでも何度か会話を交わしたことがあったが、身近で話をするのはそのときが初めてだった。93年11月に盛田が倒れる2か月前のことだ。

「ソニーは、これまで多くのことをアメリカから学んできた。アメリカを追い越したと思っている日本企業もあるかもしれない。しかし、ソニーはいま一度、謙虚にアメリカから学ばなければいけない」

と、盛田はいった。

日本は、世界一のものづくり大国になったが、情報サービス産業では後塵(こうじん)を拝する。情報、通信、コンピュータ、放送など、アメリカに真摯に学ばなければいけないと、盛田はいいたかったのだろう。

「盛田さんは、アメリカのダイナミズムをシンプルに感じられていたのだろうと思いました」

と、振り返る。

4年間のニューヨーク赴任を終え、94年に帰国した吉田は、本社のIRと財務を担当する。現在、社長を務める十時裕樹(ときひろき)も同じ財務部にいた。2人は、それ以来のコンビだ。98年、財務部の統括課長のとき、「社長室長をやってほしい」と、当時社長の出井伸之からいわれた。

吉田のサラリーマン人生は、そのときからダイナミックに展開を始める。分岐点といえるだろう。

本社にとらわれずに事業をやりたい

98年から2年間、出井の仕事ぶりを傍らで見ながら、経営のおもしろさに目覚めていった。事業をやってみたいという思いを強く抱くようになった。野心、野望ではない。未来への好奇心、挑戦の思いが強いのだろう。

約束の2年間の社長室長を務めたあと、吉田は00年、インターネット接続サービスプロバイダー事業の「ソネット（現ソニーネットワークコミュニケーションズ）」へ出向した。志願である。会社の規模が小さく、歴史の浅いソネットであれば、「経営がやれる」と目論（もくろ）んだに違いない。戦略家の思考といっていい。

ソニーに戻る気持ちはなく、出向後はすぐに転籍して完全にソネットに移った。迷いはなかった。

「ソネットで13年半、いったんソニーを離れてまったく違う世界にチャレンジさせてもらいました。私の世代はそういういい経験を積ませてもらっている。いわば会社に恩がある」

と、吉田は述べる。

実際、その後の吉田のビジネス人生を見ると、ソネットは経営者としての原点であり、故郷である。とくに45歳という年齢で経営トップに就任し、9年間社長を経験したことが、彼の経営者人生の基礎を築いた。

ソネットで最初に担当したのは、スポーツコンテンツ事業のゼネラルマネジャーだ。浦和レッズ、鹿島アントラーズなどの携帯サイトの受託運営に携わった。吉田が初めてエンタテインメントに触れた瞬間である。のちにソニー本体をクリエイティブエンタテインメントカンパニーへ変貌させた源流といえる。リカーリングビジネスもソネットで学んだ。

もっとも、数多くの失敗をソネットでは経験した。

「ゲームポットというオンラインゲームの会社を買収して、オンラインゲームをものにしようとしたんですが、うまくいかなかった。財務的には１００億円くらい使いました。これは、反省ですね」

事業を立ち上げてはたたむことを繰り返した。

「いかにきれいにたたむかということですね。〝やめよう〟といってあげることです。〝ここまでよくやった。でも、このビジネスはもう閉じよう〟と決めてあげる。現場は、自分からやめるとはいえません。できるまで頑張ろうとします。それをどこかでたたんであげることが、リーダーの役割だと思います」

ソネットは、エレクトロニクス中心のソニー本体とは、事業モデルがまるで異なっていた。規模も違う。当時社員は約1000人、売上高およそ250億円の小さなグループ会社だった。だが、ソニーの傘下にいる限り、意思決定の自由度は乏しいし、経営のスピードも出ない。

吉田は、本社から離れて腕を振るいたい、本社にとらわれずに事業をやってみたいという気持ちを強く抱いた。第一、寄らば大樹の陰とばかりに大組織にぶらさがるのは、ソニーらしくない。

「私の中では、組織は本能的に自立を志向するのが、自然だと思っていました」

たとえば、ヒット作「鬼滅の刃」のアニメーション制作で知られるアニプレックスは、ソニー・ミュージックエンタテインメントの100％子会社でソニーの孫会社にあたる。社員300人ほどの会社で、社名にはソニーの名前はついていないが、安定的な利益を稼ぎ、ソニーの業績に貢献する存在だ。

「ソニーグループの会社には、もともと自立しようという力があるのだと思います」

吉田は05年4月、ソネット社長に就任する。同年12月、東証マザーズへの上場を果たした。同時に、ソニーの持ち分を60・1％にし、翌年には社名をソニーコミュニケーションネットワークからソネットエンタテインメントに変更した。社名変更の理由を、吉田はこう述べる。

「これからの時代は、おそらく平和になるだろうと思いました。その想定は間違っていたのですが、それはともかくとして、これからの時代、人々は、エンタテインメントを求めるだろうという確信がありましたから、ソネットエンタテインメントに社名を変更したんですね」

ソニーのエンタテインメント事業への方向性は、このときすでに思い描いていたのだろう。

強烈な挫折体験

吉田は、一国一城の主として、ソネットを独立して運営していく自信を深めた。しかし、「挫折」を経験する。どういうことか。12年8月、ソニー本体が、ソネットの完全子会社化を発表したのだ。

吉田は、何度も本社に足を運び、本体からの独立を訴えたが、叶わなかった。「ソニーに負けた」「ソニーからの自立を果たせなかった」……という思いを抱いた。「小」の悲哀を味わった。

このときのことを吉田は自ら「失意の夏」として、記憶の底に沈殿させるが、じつは、この〝挫折体験〟が、彼を一回り大きなリーダーにしたといえよう。

順風満帆のエリートコースを歩いたトップは、世の中の明暗、裏表、盛衰に気を配るのが苦手で、人の痛みもわからない。傍流を知り、また挫折、躓き（つまずき）が大きいトップほど、そこから深く多くを学ぶ。すなわち「挫折力」である。逆説ながら、挫折、失敗を経験した人であるからこそ信頼できるのだ。

強烈な挫折体験をなんとか乗り越え、再び立ち上がる経験は、胆力、人間力を鍛える。結果、人生観、人間観を変える。自然観や宇宙観にも影響を与える。その有無がリーダーのスケールを決定づけるのだ。

注目したいのは、ソニーの再生を手掛けた平井、吉田、十時の3人の「サラリーマン社長」は、全員が〝傍流〟を経験していることである。平井はCBS・ソニー（現ソニーミュージック）でキャリアをスタートし、十時は外に出てソニー銀行を設立した。ソニー本体の周縁で経験を積み、経営の腕を磨いた。出世の階段を上り、神輿（みこし）に乗って出世しているわけではないのだ。3人には、エリート意識、上から目線は皆無だ。

彼らのキャリアは、単純に、エリート、周縁、本流、傍流というような言葉で切り分けられるものではなく、エリートにしてエリートにあらず、本流にして本流にあらずといったらいいだろうか。本社のトップ就任後も、エリート、あるいは本流という枠にはおさまらずに、それを乗り越える。あるいは枠をずらし、本流の流れを変える。中央にいて周縁を内包していく……。

多様かつ変化の激しい時代に、大きな組織をリードしていく人材には、つねに新しい枠組みを構築し続け、変化に柔軟であることが求められている。経営のイノベーションだ。

「イエスマンにはなりません」

「あれだけ完全子会社化に抵抗したにもかかわらず、辞めろとはいわれなかった。私も十時も、就職活動を始めていたほどでしたからね」

平井は、吉田を見捨てるどころか、彼の気骨ある態度と度量を高く評価した。平井から「ソニーに戻って、経営を手伝ってほしい」と打診されたのは、「失意の夏」から1年が経過し、秋の気配が漂うころである。「考えさせてほしい」と吉田は返答し、2人は何度も話し合った。

平井は吉田を迎えるにあたり、「EVP（エグゼクティブ・バイス・プレジデント）CSO（チーフ・ストラテジー・オフィサー／最高戦略責任者）兼 デピュティ CFO（デピュティ・チーフ・フィナンシャル・オフィサー／最高財務責任者代理）」の肩書を用意した。それが、吉田の心に刺さった。深い思索から最強の戦略を導き出すことを得意とし、また喜びとする吉田は、とくに、CSOとしてソニーグループ全体の戦略（ストラテジー）を構築することに、大きなやりがいを感じたに違いない。

平井は、著書『ソニー再生』（日本経済新聞出版刊）の中で触れているように、「三顧の礼」を尽くして吉田を迎え入れた。この故事は、諸葛孔明を迎えるとき、劉備が彼を3度訪ねたことに由来する。吉田を諸葛孔明になぞらえたのは、当たらずとも遠からずであろう。

「やりがいのあるポジションだったので、『それならやります』と答えました」

吉田は、戦略家らしく、次のように付け加えるのを忘れなかった。

「私は、イエスマンにはなりません。好きなことをいわせてもらいますが、それでもいいですか」

思慮深いと同時に、堅い信念の持ち主だ。平井は、こう応じた。

「もちろんです。私のほうこそ、それをお願いしたい」

後継者を育てる覚悟だったに違いない。

反対を押し切って無配を実行

吉田は、13年ぶりにソニーに戻った。

「復帰して感じたのは、ソニーは2つの資産に恵まれているということでした。まずは、多様な事業資産です。創業者の盛田さんが主導してつくったCBS・ソニーレコードは、多様な事業資産の源流だと思いました。現在のソニーグループがゲーム、音楽、映画、エンタテインメント・テクノロジー&サービス、イメージング&センシング・ソリューション、金融を含む多様な事業資産に助けられている部分はかなりあります。そして、もう1つは、すばらしい人的資産です。ソニーは人に恵まれている会社だとあらためて思いました」

吉田と平井は、2週間に一度の定例ミーティングで「異見」をぶつけ合った。14年、平井の社長就任3年目のタイミングで、吉田はソニーのCFOに就いた。同年3月期決算会見の席上、「今期中に構造改革をやりきる」と、強い決意を示した。吉田の構造改革を抜きにいまのソニーはない。優れた決断力の賜物である。

「私がCFOのときにやったことは、内部では『異論』もあったと思うのですが、平井さんは全面的に一緒にやってくれましたし、サポートしてくれましたね」

吉田は、CFOに就任して1年目の14年9月17日、苦渋の決断を下した。

この日、15年3月期の連結業績見通しを下方修正するとともに、1958年の上場以来初となる無配を発表したのだ。株主配分より財務改善を優先せざる得ないところまで追い込まれていた。お詫びの言葉を述べる平井の横で、CFOの吉田は書類に目を落とし、堅い表情のままだった。

「実際、しんどかったですし、自分が思っていることが表情に出ていたかもしれないですね」

吉田はいま、過去から現在まで、すべての出来事がつながっているように思えてならないという。「因縁だと思う」とすら語る。

仏教用語の「因縁」は、直接的原因「因」と間接的条件「縁」が相互に関係し合って、すべてのものが存在しているという考え方だ。吉田の「因縁だと思う」を解釈すれば、「因」と「縁」が複雑にからみ、関係し合って、今日のソニーが存在しているということだろう。

出井はあるとき、「うちも無配でいいんじゃないか」といったことがあった。ソニーはマイクロソフトをベンチマークしていた。同社は、高い利益を上げながらも株主配当をしないことで有名だった。「いや、それはやめたほうがいいですよ。うちはマイクロソフトと違って、個人株主も増資や転換社債を引き受けていますから」と、吉田は強く反対した。

「出井さんが『そんなことをいうのは君だけだよ』といったのを覚えているのですが、『無配はダメです』といった当の私が、ソニーを無配にしたわけですからね」

と、苦笑するのだ。

無配には、内部から猛烈な反対があった。

「主要なOBには、『吉田さんから説明をしてくださいよ』といわれて電話をしましたが、一部のOBにものすごく怒られましたね」

「VAIO」のパソコン事業の売却も、吉田にとって「因縁」を感じさせる出来事である。

出井はインテル社長のアンディ・グローブと意気投合し、PC事業への再参入を宣言、1996年にパソコン「VAIO」を発表した。「VAIO」は、瞬く間にソニーの主力事業に成長した。ちなみに、出井がソネットを設立したのは、IT機器がインターネットにつながる可能性を認識していたからだ。

吉田はソニーに復職した直後、「VAIO」の売却を平井に注進した。ソニーは14年2月、「VAIO」を担うパソコン事業の売却を発表した。

「それから、出井さんは持ち株会社化のこともいっていました。でも、当時はよくわからなかった。何がいいたいのかなと思っていました。結局、持ち株会社にしたのは、私が社長になってからなんですよね」

出井の構想から約20年後、吉田はソニーの持ち株会社化を決断した。これについては、後で触れる。

黒字転換のきっかけは、15年7月に実施した26年ぶりの公募増資だ。平井と吉田は、世界10都市を回って、合計132回の投資家ミーティングを行い、成長投資のための財務基盤の強化を訴えた。公募増資で調達した約4200億円は、イメージセンサーの増産に充てた。

16年3月期以降、連結純損益は黒字となり、赤字体質から脱却した。

ある日のこと、平井は、こう告げた。

「自分はもう十分にやった。これ以上はできない。ついては吉田さんに社長をやってほしい」

「驚きました」と、吉田は当時を振り返って語る。

地球はステークホルダー

吉田がソニー社長に就任したのは18年である。

彼は、全ソニー社員に呼びかけた。就任初日に世界約11万人の社員に向けて配信したメッセージは、「経営課題とテクノロジーカンパニー」「人に近づく」「社会目的」の小見出しがついている。最後は、こう締めくくられていた。

「私は、社員の皆さんに対する経営トップとしての私の責任として、『よりよいソニーを次の世代に残す』と申し上げてきましたが、私たちソニーの責任は、次世代にとってよりよい社会をつくっていくことにいかに貢献できるかだと考えています。人に近いところで、感動を提供するソニーだからできること。ソニーの社会的価値を一層高めていくことにもしっかりコミットし、経営方針や事業戦略を策定、実施していきたいと思っています」

そして、自身の社内ブログを通じて1か月に1度メッセージを発信している。最初の投稿タイトルは、「地球の中のソニー」だった。「相当、考えました」と、彼はいう。

社員に伝えたかったのは、「ソニーは地球の上に乗っかっている自覚を持とう」ということだった。顧客や株主、取引先といったステークホルダーのさらに先には、社会と地球が存在する。ソニーはこれからの成長を通じて、地球環境や社会にどう貢献できるのか。社員全員と一緒に、考えていきたいという思いがあった。

また、そのブログの中で、姜戎（ジャンロン）著『神なるオオカミ』（講談社刊）という本を紹介した。文化大革命時代の内モンゴルを舞台とする物語だ。北京から下放された青年が羊飼いをしながらオオカミの子どもを育てる。物語の背景には、家畜の天敵としてオオカミを駆逐したことによって、草食動物が増え過ぎて草原が砂漠化してしまうという環境問題がある。

吉田は、そこから、人間は大自然と対峙し、地球上のすべての生物と共存し、多様性の中で生かされているということをあらためて意識したという。ソニーの事業は、地球環境が健全であって初めて成り立つのだ。

吉田は、地球環境や持続可能性について、ことあるごとに言及する。が、最初から強く意識していたわけではない。ソネットからソニーに戻ったときには、業績が悪く、社会全体のサステナビリティより、会社のサステナビリティが喫緊（きっきん）の課題だというのが、正直なところだった。ソニーが健全な体質になったからこそ、長期視点で、社会や地球のサステナビリティに言及できるようになったといえる。

ちなみに吉田は、「地球はステークホルダー」と語っている。後述するが、惑星をステークホルダーと考えれば、必然的にその視野には宇宙が入ってくる。

ミッション・ビジョン・バリューを見直す

翌19年には、創業者が大切にした長期視点のもとに、平井から「感動」のキーワードを引き継ぎ、吉田の最大の功績といわれる「Ｐｕｒｐｏｓｅ」を定める。

こんなエピソードがある。吉田が出井の社長室長をしていたとき、第4章に登場するマーカス加藤絵里香は、彼の部下だった。彼女は吉田の推薦で長年、出井のスピーチライターを務めた。彼女がスウェーデン、アメリカなどで海外ビジネスを経験し、久しぶりに日本に帰国したとき、たまたま吉田の社長就任が重なった。挨拶にいくと、「手伝ってほしい」といわれて吉田の経営チーム入りをし、コミュニケーション統括に就く。因縁である。吉田のＣＥＯ就任を知っていて、帰国したのではないかといわれたほどだ。

以下は、彼女の回想である。

「吉田さんから最初にいわれたのは、〝ＭＶＶ（ミッション・ビジョン・バリュー）〟を見直したいということでした。われわれはそもそも何者で、どこへ向かっていくのか、なぜそこにいくのか……というストーリーでした。それを整理して、それこそ数えられないほどのバージョンを書きました。その結果、最後にいきついたのが、『Ｐｕｒｐｏｓｅ』なんです」

文字通り、新しい時代の中での「存在意義」の探求である。彼女は、「すごい仕事をご一緒させていただきました」と感想を述べる。

吉田は、こう語る。

「ソニーは、人の夢によって生まれ、そして成長してきた会社です。技術の力を用いて人びとの生活を豊かにしたい、という強い思いを持った創業者の夢から生まれました。その思いは、現在のソニーの『Ｐｕｒｐｏｓｅ』の起源になっています」

そして、「人に近づく」という経営の方向性を示した。

「『Ｐｕｒｐｏｓｅ』と『人に近づく』という経営の方向性のもと、『人』を軸とした多様な事業を展開し、持続的な価値創造を目指しています」

と、吉田は説明する。

「人」を軸にしたソニーが創出する価値は、大きく3つある。エレクトロニクスを軸とする家電メーカーの面影はそこにはない。〝昭和のソニー〟の終焉（しゅうえん）だ。

1つ目は、「感動体験で人の心を豊かにする」だ。ゲームや音楽、映画などのコンテンツ事業に加え、ゲーム事業に代表されるようなユーザーと直接つながるＤＴＣ事業である。クリエイターとともにつくる新たなエンタテインメントもそれにあたる。

2つ目の「クリエイターの夢の実現を支える」は、感動をもたらすコンテンツ制作やそれを楽しむために必要な事業だ。カメラやテレビといった機器、またスマートフォンのキーデバイスとなるＣＭＯＳイメージセンサーなどである。

３つ目は、「世の中に安全・健康・安心を提供する」で、車載センシング、メディカル、金融などがあげられる。それぞれ安全、健康、安心の側面から人を支えている。

「今日、ソニーの事業は多岐にわたり、それを強みととらえていますが、多様性の中にある『人』という基軸は不変です。ソニーグループの全事業を貫き、力を与えるテクノロジーと多様な人材を基盤として、価値を生み出していきたいと考えています」

繰り返しになるが、ソニーは創業以来、個の自主性と挑戦を尊重し、会社と社員の対等な関係を大切にしてきた。すなわち、個の自立だ。それは、創造力を発揮するための重要な要素である。「Ｐｕｒｐｏｓｅ」は一言でいうと、企業の存在意義を指すが、吉田はそれに加えて、個人が自立するための仕掛けと位置づけるのだ。

「組織で仕事をすれば、理不尽なことが降りかかってくることもあります。そのとき『Ｐｕｒｐｏｓｅ』があれば、〝いや、課長、われわれの『Ｐｕｒｐｏｓｅ』に照らして、それはどうなんでしょう？〟と、立場にかかわらず『異見』するようすがにできる。つまり、『Ｐｕｒｐｏｓｅ』は、社員１人ひとりが自立して創造力を発揮するための基盤になると思っています。『Ｐｕｒｐｏｓｅ』を軸にして、自立し、創造力を発揮してほしいという思いがあります」

成し遂げた「第2の創業」

吉田の功績として忘れてならないのは、ソニーのあり方そのものを変え、再成長への道筋をつけたことである。組織再編はその象徴だ――。

吉田は、社長就任4年目の21年4月、経営機構改革を実施した。社名変更である。ソニーから「ソニーグループ」へと商号を変更し、グループ本社機能と事業運営機能を分離して持ち株会社に移行したのだ。盛田は1958年、「東京通信工業」から「ソニー」に社名変更したが、それに匹敵するいわば、「第2の創業」といえよう。

持ち株会社化のメリットは、各事業会社が自らの裁量で業務を遂行できることにある。前述したように、吉田はソネット時代、大企業の傘下にいることの厳しさを嫌というほど味わった。意思決定の自立性を求めて、本体からの離脱を試みたが、叶わなかった。自ら「失意の夏」と総括した。

持ち株会社の設立は、彼のリベンジといってもいいかもしれない。個々の事業に関する権限をそれぞれの事業会社に委譲することは、彼がかねてから訴えてきたことだ。経営機構改革は、「事業会社を強くしなければいけない」という吉田の思いの実現にほかならない。

本社の役割の再定義も、ソネットの経験を抜きには語れないだろう。持ち株会社の「ソニーグループ」は事業会社を「管理」するのではなく、「支援」する役割とした。だから、あえて「ホールディングス」という名称を使わなかった。

その一方で、これまでの「ソニー株式会社」の商号は、祖業であるエレクトロニクス事業が継承した。エレキ部門を独立させ、ほかの事業と同列に位置づけることにより、ゲーム、音楽、映画、半導体、エレクトロニクス、金融の6つの事業が等距離でつながった。

つまり、エレキ頼みからの脱却である。歴代のトップは、そこに十分に踏み込めなかった。〝昭和のソニー〟への愛着が邪魔をしたのだ。吉田は、「エレキのソニー」という聖域に斬り込んだといえる。「井深さん、盛田さんをノスタルジーから語るのではなく、戦略的に論じなければいけない」と、語る。

吉田は、ソニーをエレクトロニクスの会社からエンタテインメントの会社に変え、エンタテインメント事業を核にソニーの再成長のストーリーを描いたのだ。

「事業の進化を促し、多様なポートフォリオの強みを生かすため、自立した各事業がフラットにつながる連携強化体制です」

と、吉田は攻めの姿勢を強調する。

とはいえ、エレクトロニクスは依然としてソニーグループのコア事業として重要であることに変わりない。ソニーグループの各事業が「感動」をつくり、「感動」を届けるには、エレクトロニクスにおける最先端技術が欠かせない。

吉田は、家庭用ゲーム機「プレイステーション5」を例にあげて次のように説明する。

「没入感のあるゲーム体験は、音や映像、コントローラーの触覚フィードバックなどの技術があってこそ提供できるんですね」

加えて、エレクトロニクス事業が培ったテクノロジーは、クリエイターから選ばれるブランドになるためのカギでもある。ソニー・ピクチャーズ エンタテインメントは、映像制作カメラ「VENICE」シリーズやバーチャルプロダクションなどの最新映像技術によって映像の幅を広げ、クリエイターが思う存分、創造力や表現力を発揮できる環境をつくっている。センサー技術、AI技術などが盛り込まれた、モバイルモーションキャプチャー「mocopi」は、Vチューバーの活動を支える存在だ。

彼は、次のように語る。

「ソニーの経営のキーワードは、『Purpose』にあるとおり、感動です。その感動を生み出す出発点は人のクリエイティビティです。ソニーはクリエイターにもっとも選ばれるブランドになりたいと思っています」

振り返ってみれば、「ハードとソフトの融合」は、ソニーグループの悲願だった。盛田は、ハードとソフトはソニーグループのビジネスの両輪であり、この2つをうまく回転させてこそグループの長期的な発展につながるとして、CBSレコードやコロンビア・ピクチャーズなどの大型買収を決断した。その悲願はここにきて成し遂げられたといっていい。テクノロジーに裏打ちされたクリエイティブエンタテインメントカンパニーの誕生である。

吉田は、クリエイティブエンタテインメント事業の強化を図るため、IPやコンテンツ制作、M&Aに経営資源を集中し、音楽出版やゲームスタジオの買収などに、18年度以降計1兆5000億円を投資した。創作領域に力を入れる姿勢を鮮明にし、ソニーをエンタメで稼げる企業へと変貌させたのだ。

「感動を届ける側には、GAFAといわれるビッグプレイヤーがいます。われわれは、感動をつくるほうにフォーカスしていきたい」

プラットフォーマーとは、真っ向勝負するのではなく、協業関係を築いていきたいと考える。

20世紀に仕込まれた3つのエンタテインメント事業は、12年以降成長が加速し、22年度には売上高、営業利益ともにグループ連結の50%を超えている。

戦略投資や人材育成に欠かせない「長期視点」

ソニーの歴史を振り返ると、創業以来、長期視点で事業を進化させてきたことがわかる。

それは、クリエイティブエンタテインメントカンパニーへの脱皮を果たしたいまも変わらない。つまり、創業者の井深、盛田の思いを確実に受け継いでいるのだ。

吉田は、23年5月の経営方針説明会の席で、「長期視点の原点は創業者だ」と明言した。それを象徴するのは、1979年にスタートした生命保険事業だ。盛田の夢から実現した金融分野は、リーマンショック以降のソニーのもっとも苦しかった時期にソニーを支える存在へと成長した。

また、ソニーは「音」を起源として事業を広げてきた。社名はラテン語の音を意味する「SONUS」が由来だ。テープレコーダー、トランジスタラジオ、ウォークマンなどのエレクトロニクス製品は、すべて「音」の製品である。

「音」の製品は、エンタテインメント事業へと広がった。68年のCBS・ソニーレコード発足による音楽事業、89年のコロンビア・ピクチャーズ買収による映画事業、94年のプレイステーション発売によるゲーム事業である。また、トランジスタから始まった半導体は、CMOSイメージセンサーへと進化している。ソニーは「音」を起源として長期視点で事業を進化拡大していったのだ。

戦略投資にも長期視点が生かされている。ソニーグループは、短期的な利益追求よりも、長期的な成長と価値創造に向けて投資を行っている。モビリティなどの新しい領域は、長期視点がなければ取り組めない事業である。「私の在任期間に成果が出なくてもいい」とさえ、吉田は述べている。目先の利益を追うだけでは、長期的成長に向けた事業基盤を拡大することはできない。

「思索する経営者」である吉田は、長期経営を単なる時間軸の長さだけではとらえていない。その視点は、地球、そして宇宙まで広がるのだ。

ソニーは現在、ＪＡＸＡと東京大学と一緒に宇宙プロジェクトを行っている。その中で吉田は、宇宙飛行士と話をする機会を得た。「宇宙から地球を見るといかに生物が生存できる大気が薄くてはかないかがわかる」と、その宇宙飛行士は語った。

地球の半径は約６４００㎞であるのに対し、大気圏は約１００㎞にすぎない。宇宙から地球を見るというプロジェクトは、事業としてはまだ「探索」の段階だが、これは環境に対する意識を変えることにつながると、吉田は考えている。

こんなこともあった。あるとき吉田は、小さな子どもを育てている女性社員と懇談した。その際、彼女から次のような言葉を聞いた。

「子どもが生まれてから、環境のことを考えるようになりました」

何げない言葉である。しかし、吉田はその言葉に敏感に反応した。感性が豊かなのだ。その女性のほうがはるかに長期視点を持っていると感じた。「環境問題は、本当に真剣に考えないといけない」と、思いを強くした。

世界的大ベストセラーとなった劉慈欣（リウツーシン）著の長編ＳＦ小説『三体』（早川書房刊）は、科学的にはあり得ないはずの奇怪な現象や、地球外生命体の存在、文明の進化、人類の存亡といった、とてつもなく大きなスケールの中でストーリーが展開する。吉田はこれを社員に向けたおすすめの1冊としているが、そこにも、吉田の長期視点や視座の高さ、持続可能性への意識が感じられる。

長期視点の経営は、人が生き生きと働き、成果を上げるためにも重要だ。社員は、会社のビジョンや方向性が明確であり、組織が安定していると知れば安心して働くことができるし、自分の仕事が組織の長期的な目標やビジョンに貢献していると感じることでモチベーションを維持することができるからだ。

ソニーは創業以来、個の自主性と挑戦を尊重し、多様な個の成長をソニーの成長につなげてきた。それは、長期視点の経営を抜きには語れない。

「企業というのは、文化そのものですね」と問うと、「その通りだと思います」という答えが返ってきた。

企業文化は、組織の個性や性格であり、長年にわたって共有されてきた価値観や信念、行動パターン、慣習などの総体といえる。異なる個性、多様な個を受け入れながら成長してきたソニーは、井深、盛田の創業以来の企業文化を大切にしつつ、長期視点で社員とソニーグループの成長の連鎖を実現しようとしている。

吉田は、決して派手な経営者ではない。沈着冷静さを持ち味とし、明確なビジョンのもとに、戦略を確実に実行する。そして、何よりも、社員とのコミュニケーションを大切にする。だから、多くの人たちから尊敬される。

「社員と話をしながら考えることが多いですね」

吉田のようなタイプのリーダーは、これまで存在しなかったのではないか。現代は、先行きが不透明で予想外の出来事が次々と起こる「VUCA」の時代といわれる。常識がめまぐるしく変化し、いままでやってきたことが通用しなくなっている。そんな時代にこそ、吉田のような新しいタイプのリーダーが求められる。

片山 修（かたやま・おさむ）
経済ジャーナリスト
愛知県名古屋市生まれ。経済、経営など幅広いテーマを手掛けるジャーナリスト。鋭い着眼点と柔軟な発想が持ち味。長年の取材経験に裏打ちされた企業論、組織論、人事論には定評がある。2001年〜11年までの10年間、学習院女子大学客員教授を務める。『ソニーの法則』（小学館文庫）は20万部を超えるベストセラー。ほかに、『豊田章男』『技術屋の王国──ホンダの不思議議力』『山崎正和の遺言』（すべて東洋経済新報社）、『時代は踊った──オンリー・イエスタディ'80s』（文藝春秋）、『本田宗一郎と「昭和の男」たち』（文春新書）、『豊田章男の覚悟』（朝日新聞出版）など、著書は60冊を超える。中国語、韓国語に翻訳された著書も少なくない。

ソニー 最高の働き方

2024年9月30日　第1刷発行

著者 片山 修
発行者 宇都宮健太朗
発行所 朝日新聞出版
〒104-8011 東京都中央区築地5-3-2
電話 03-5541-8814（編集） 03-5540-7793（販売）
印刷所 大日本印刷株式会社

Published in Japan by Asahi Shimbun Publications Inc.　ISBN 978-4-02-332370-4